21世纪高职高专规划教材·旅游酒店类系列

茶艺职业技能教程

主　编　赵艳红　宋伯轩
副主编　宋永生　孙晨旸

清华大学出版社
北京交通大学出版社
·北京·

内容简介

《茶艺职业技能教程》根据茶艺师新标准要求，对茶艺基本知识、实用技能、茶艺培训等内容进行全面、客观、科学的阐述。

本书内容包括茶艺师职业基本要求、茶艺礼仪、茶艺接待、茶艺用品概述、茶艺基本手法、实用茶艺、茶饮推荐与销售、茶叶产品标准与健康茶制品、茶艺场所经营与管理等。

本书内容丰富，图文并茂，侧重知识的趣味性和实用性，可作为高等院校、职业学校学生的主修教材，茶艺爱好者和茶艺师职业资格培训参考用书。

图书在版编目（CIP）数据

茶艺职业技能教程／赵艳红，宋伯轩主编. —北京：北京交通大学出版社：清华大学出版社，2020. 7

ISBN 978-7-5121-4265-7

Ⅰ. ①茶…　Ⅱ. ①赵…②宋…　Ⅲ. ①茶艺-中国-教材　Ⅳ. ①TS971. 21

中国版本图书馆 CIP 数据核字（2020）第 121869 号

茶艺职业技能教程
CHAYI ZHIYE JINENG JIAOCHENG

责任编辑：郭东青
出版发行：清 华 大 学 出 版 社　邮编：100084　电话：010-62776969　http://www.tup.com.cn
　　　　　北京交通大学出版社　邮编：100044　电话：010-51686414　http://www.bjtup.com.cn
印 刷 者：北京时代华都印刷有限公司
经　　销：全国新华书店
开　　本：185 mm×260 mm　印张：7. 5　字数：197 千字
版 印 次：2020 年 7 月第 1 版　2020 年 7 月第 1 次印刷
印　　数：1~3 000 册　定价：26. 00 元

本书如有质量问题，请向北京交通大学出版社质监组反映。对您的意见和批评，我们表示欢迎和感谢。
投诉电话：010-51686043，51686008；传真：010-62225406；E-mail：press@bjtu. edu. cn。

前　言

茶在日常生活中，既是必需品又是精神文明的媒介。能识茶辨茶，会沏泡一杯好茶，懂饮茶礼仪，赏优雅茶艺表演，更从茶中领略艺术文化的美妙，是人们提高修养、陶冶情操、营造高贵典雅生活的有效方式。在学习欣赏茶道茶艺的过程中，人们会感悟自己的人格，从而陶冶情操，达到忘我的境界。

几乎没有哪一种艺术，像中国茶一样，普及千家万户，且能在一叶茶、一滴水中蕴含如此高雅的审美情趣与深奥的智慧哲理。

本书根据茶艺师新标准要求，结合茶专业具体实践工作，对茶艺操作实用技能内容进行全面、客观、科学的阐述。为茶专业工作者、学习者以及茶艺业余爱好者提供了一部系统性茶艺技能学习资料。内容包括茶艺师职业基本要求、茶艺礼仪、茶艺接待、茶艺用品概述、茶艺基本手法、实用茶艺、茶饮推荐与销售、茶艺场所经营与管理等。

本书内容丰富，图文并茂，侧重知识的趣味性和实用性，可作为高等院校、职业学校学生的主修教材，茶文化研究生及茶艺爱好者的选修教材，亦可作为茶艺师职业资格培训考试参考用书。

中华茶文化，博大精深，其精髓隽永、高雅、唯美，是人类智慧的结晶，亦是人类文明的瑰宝。作者只能算是茶文化的收集者和整理者。编写此书，旨在与读者共同探讨，以茶育德，以茶修性，以茶养智，以品茶的心境品味人生，将自己对茶的诸多感悟，述与读者。

在编写本书的过程中，参阅了大量的专著和资料，在此对被参考和借鉴书籍、资料的作者致敬。

本书的完成得到了许多人的支持与帮助。孙茜、李奕然对本书文字及书稿进行审核校对。宋爽、郝冰和胡晓艳等参与资料收集整理及文字打印工作。茶艺表演由谭经纬、任飞飞、廉栋和刘宇洋等示范。插画及照片由日易文化传媒（北京）有限公司孙晨旸女士制作完成。茗朴茶文化培训学校提供了大量的茶样与茶具教学资料，在此深表谢意。

由于编撰仓促，疏漏之处在所难免，诚恳欢迎各位同仁指正。

编者

2020 年 6 月 8 日

目　录

第一章

茶艺师职业基本要求

第一节　茶艺师职业道德

一、茶艺师

茶艺师是在茶室、茶楼等场所（包括茶馆、茶艺馆等）展示茶水冲泡流程和技巧以及传播品茶知识的人员。

（一）茶艺师的素养

茶艺师高出其他一些非专业人士的地方在于他们对茶的理解并不仅停留在感性的基础上，而是对其有着深刻的理性认识，也就是对茶文化的精神有着充分的了解。喝茶是人的一种文化修养，一门艺术，一份美学。

茶艺成了一种特殊的生活艺术。而茶艺师则是这一生活艺术的传承者，是茶文化的传播使者。许多人以为茶艺师只要会泡茶就行了，其实这是一个误解。国家职业技能标准《茶艺师》中明确规定了茶艺师的职业能力特征：具有一定的语言表达能力，一定的人际交往能力、形体知觉能力，较敏锐的嗅觉、色觉和味觉，有一定的美学鉴赏能力。茶艺师是一种集茶文化推广、提供品茶服务以及相关艺术表演于一身的综合性职业。因此，要成为一个合格的茶艺师，应具备以下四个方面的素养。

1. 职业道德素养

职业道德素养是指能够自觉地遵循社会主义职业道德原则、规范的要求，进行自我教育、自我提高和自我改造。主要包括以下四个方面（知、情、意、行）内容。

（1）提高职业道德认识。职业道德认识，就是对职业道德原则、规范的理解。

（2）培养职业道德情感。职业道德情感，是从业者个人对所从事的职业活动内心所持的态度。它是受职业道德理想、信念制约的。职业道德情感可以引发职业道德行为的内部动力，获得对事业的高度责任心。它可以使人对工作兢兢业业，对业务精益求精，刻苦学习，向人民交上优秀的答卷。

（3）磨炼职业道德意志。职业道德意志，是从业者个人追求职业道德理想过程的控制能力。它受职业道德理想、信念的制约，也受职业道德情感的影响。社会主义建设者所要磨炼的职业道德意志，就是要具有为人民服务的坚定性。在目前社会拜金主义沉渣泛起的情况下，不为所动，坚持把人民群众利益放在首位，这是社会主义职业道德意志坚强的表现。

（4）养成职业道德习惯。职业道德习惯，就是在实践中把职业道德规范变成自己高度的自觉要求，自觉融入执业行为中。自觉地身体力行，由“社会要求这样做，变成我要这样做”。一个人把职业道德规范成为自己的职业习惯，就真正成为一个职业道德高尚的人。

2. 文化素养

茶艺师作为茶文化的传承者，要想准确传达茶文化的精髓，理应具备一定的文化素养。这种素养既包括对茶的品种特性、生长环境、加工方法、适宜茶具、水质和温度、冲泡品饮方法等茶叶科学知识的了解与判断，也包括对与茶相关的其他知识，如有关茶的历史典故、风俗人情，茶的保健知识，茶艺设计的审美知识、茶艺表演的表演知识等的了解，并且能将这些知识融会贯通，有机结合起来，在茶艺表演中将这些相关的信息传递给观众，使品茶者在享受茶之美的同时，还增加了茶文化知识，享受了品茶的乐趣。我国历史悠久，地大物博，茶区幅员辽阔，茶树的生长环境千差万别，茶叶品种包罗万象，与茶有关的历史典故、优美传说多不胜数，而各个民族的饮茶习俗更是千差万别，要掌握这些知识，做一名合格的茶艺师，不加强文化素养、博览群书是不能胜任的。

3. 审美素养

审美素养，以文化素养为基础，又得到进一步升华。茶艺是一门艺术，有人总结茶艺有“六美”：人之美、茶之美、水之美、器之美、境之美、艺之美。要充分体现、发扬茶艺的美，就要求茶艺师必须具备审美素养。在整个茶艺表演过程中，从开始的环境选择、器具准备、音乐配伍，到茶艺表演的设计、表演过程的协调性，直至表演过程的结束，都要根据饮茶的对象、茶室的环境、茶类的不同而从审美的角度进行设计、表演，从而使饮茶者在饮茶的同时，体会到茶文化之美，起到心灵的愉悦、放松作用。这些，如果没有一定的审美素养，很难达到目的。

4. 操作表演素养

茶艺是一门表演艺术，是在特定的环境中，以茶为载体、以音乐为伴侣，用优美的动作来展示、体现饮茶之美。所以从观赏层面上来说，要求茶艺师也必须具备一定的表演素养。茶艺表演不同于一般的表演，它将泡茶的动作与泡茶的环境、器具、茶叶、音乐等相结合。此外，还应该具有良好的礼仪和仪容仪表。表演是茶艺的关键一环，也是以上两种素养最直接的体现。优秀的茶艺师能够将他所冲泡的茶的文化底蕴、茶艺设计过程中的审美取向通过表演这一环节充分展现出来，良好的表演能给人以最大的享受。所以，茶艺师的表演素养必不可少。

（二）茶艺师国家职业资格证书

茶艺师是茶文化的传播者，1999 年中华人民共和国劳动和社会保障部将“茶艺师”列入《中华人民共和国职业分类大典》，茶艺师这一新兴职业走上中国社会舞台。2002 年 11 月 8 日国家劳动和社会保障部正式颁布了茶艺师国家职业标准，茶艺师成为国家的正式职业（工种）。

当今中国，茶文化不仅仅是品位的象征，它更成为一门交际语言。许多的商务合作及交际活动都在品味茶的过程中进行着。社会对茶艺师需求量很大，接受过茶艺训练的专业人才却很少，人才的稀缺是茶行业最大的瓶颈。

对劳动者实行职业技能鉴定，推行国家职业资格证书制度，2019 年 1 月，经中华人民共和国人力资源和社会保障部批准颁布国家职业技能标准《茶艺师》，是促进劳动力市场建设和发展的措施，关乎广大劳动者的切身利益，关乎企业发展和社会经济进步，对于全面提高劳动者素质和职工队伍的创新能力具有重要作用，也是当前我国经济社会发展，特别是就业、再就业工作的迫切要求。

二、职业道德

（一）职业道德概述

所谓职业道德，是指从事一定职业的人们在工作和劳动过程中，所应遵循的与职业活动紧密联系的道德原则和规范的总和。职业道德是社会道德的重要组成部分，它作为一种社会规范，具有具体、明确、针对性强等特点。当社会出现职业分工时，职业道德也就开始萌芽了。人们在长期的职业实践中，逐步形成了职业观念、职业良心和职业自豪感等职业道德品质。

职业道德反映茶艺从业人员的素质和修养。茶艺从业人员个人良好的职业道德素质和修养是其整体素质和修养的组成部分。具备良好的职业道德素质和修养能激发茶艺从业人员的工作热情和责任感，热情待客、提高服务质量，即人们常说的“茶品即人品，人品即茶品”。

职业道德能形成茶艺行业良好的道德风尚。茶艺行业作为一种新兴行业，要想树立良好的职业道德风尚，成为服务行业的典范，必须依靠加强茶艺从业人员的职业道德教育，使茶艺从业人员良好的职业道德风尚逐步形成。

职业道德能促进茶艺事业的发展。茶艺从业人员遵守职业道德不仅有利于提高茶艺从业人员的个人修养，形成茶艺行业良好的道德风尚，而且还能提高茶艺从业人员的工作效率和经济效益，从而促进茶艺事业的发展。茶艺从业人员的职业道德水平直接关系到茶艺从业人员的精神风貌和茶艺馆的形象，只有奋发向上、情绪饱满的精神风貌和良好的行业形象，才有可能被社会公众所认同，茶艺事业才有可能得到长足的发展。

（二）职业道德准则

茶艺师的职业道德在整个茶艺工作中具有重要的作用，它反映了道德在茶艺工作中的特殊内容和要求，不仅包括具体的职业道德水平，而且还包括反映职业道德本质特征的道德原则。茶艺从业人员只有在正确理解和把握职业道德原则的前提之下，才能加深对具体的职业道德水平的理解，才能自觉地按照职业道德的要求去做。

1. 原则与规范

原则，就是人们活动的根本准则；规范，就是人们言论、行动的标准。在职业道德体系中，包含着一系列职业道德规范，而职业道德的原则，就是这一系列职业道德规范中所体现出的最根本的、最具代表性的道德准则，它是茶艺从业人员进行茶艺活动时，应该遵循的最根本的行为准则，是指导整个茶艺活动的总方针。

职业道德原则不仅是茶艺从业人员进行茶艺活动的根本指导性原则，而且是对每个茶艺工作者的职业行为进行职业评价的基本准则。同时，职业道德原则也是茶艺工作者茶艺活动动机的体现。如果一个人从保证茶艺活动全局利益出发，另一个人则从保证自己的利益出发，那么，虽然两个人同样都遵守了规章制度，但是贯穿于他们行动之中的动机（道德原则）不同，则他们体现的道德价值也是不一样的。

2. 基本要求

热爱本职工作，是一切职业道德最基本的要求。对于茶艺从业人员而言，热爱茶艺工作作为一项道德认识问题，如果对茶艺工作的性质、任务以及它的社会作用和道德价值等毫无了解，那就不是真正的热爱。

茶艺是一门新兴的学科，同时它已成为一种行业，并承载着宣传茶文化的重任。茶是和平的象征，通过各种茶艺活动可以增加各国人民之间的了解和友谊。同时，开展民间性质的茶文化交流，可以实现政治和经济的“双丰收”。可见，茶艺事业在人们的经济文化生活中是一件大事。作为一项文化事业，茶艺事业能促进祖国传统文化的发展，丰富人们的文化生活，满足人们的精神需求，其社会效益是显而易见的。

茶艺事业的道德价值表现为：人们在品茶过程中得到了茶艺从业人员所提供的各种服务，不仅品尝了香茗，而且增长了茶艺知识，开阔了视野，陶冶了情操，净化了心灵，更认识了中华民族悠久的历史和灿烂的茶文化。另外，茶艺从业人员在茶艺服务过程中处处为品茶的顾客着想，尊重他们，关心他们，主动、热情、耐心、周到，而且诚实守信，一视同仁，不收小费，充分体现了新时代人与人之间的新型关系。对于茶艺从业人员来说，只有真正了解和体会到这些，才能从内心激起热爱茶艺事业的道德情感。

3. 茶艺行业职业道德的基本原则

尽心尽力为品茶的顾客服务，不只是道德意识问题，更重要的是道德行为问题，也就是说必须要落实到服务态度和服务质量上。所谓服务态度，是指茶艺从业人员在接待品茶对象时所持的态度，一般包括心理状态、面部表情、形体动作、语言表达和服饰打扮等。所谓服务质量，是指茶艺从业人员在为品茶对象提供服务的过程中所应达到的要求，一般应包括服务的准备工作、品茗环境的布置、操作的技巧和工作效率等。

在茶艺服务中，服务态度和服务质量具有特别重要的意义。首先，茶艺服务是一种面对面的服务，茶艺从业人员与品茶对象间的感情交流和相互反应非常直接。其次，茶艺服务的对象是一些追求较高生活质量的人，他们不但在物质享受和精神享受上比一般服务业的顾客要高，而且也超出他们自己的日常生活要求，所以要求一次性达标。从茶艺服务的进一步发展来看，也要重视服务态度的改善和服务质量的提高，使茶艺从业人员不断增强自制力和职业敏感性，形成高尚的职业风格和良好的职业习惯。

（三）职业道德的培养

1. 在实践中加强理论与实际的联系

学习正确的理论并用它来指导实践是培养职业道德的根本途径。这要求茶艺从业人员要努力掌握马克思主义的立场、观点和方法，密切联系当前的社会实际、茶艺活动的实际和自己的思想实际，加强道德修养。只有在实践中时刻以职业德规范来约束自己，才能逐步养成良好的职业道德品质。

2. 提高道德修养

茶艺从业人员应该认识到其职业的崇高意义，时刻不忘自己的职责，并把它转化为高度的责任心和义务感，从而形成强大的动力，不断激励和鞭策自己干好各项工作。茶艺从业人员应该明白，良好的言行会给品茶的顾客送去温馨和快乐，而不良的言行会给他们带来不悦。所以，茶艺从业人员应时刻注意理智地调节自己的言行，不断促进自己心理品质的完美，使自己的言行符合职业道德规范。

3. 检点自己的言行

正确开展道德评价既是形成良好风尚的精神力量，促使道德原则和规范转化为道德品质的重要手段，又是进行道德品质修养的重要途径。道德评价可以说是道德领域里的自我批评。正确开展批评与自我批评，既可以在茶艺从业人员之间进行相互的监督和帮助，又可以促进个人道德品质的提高。

对于茶艺从业人员的道德品质修养来说，自我批评尤为重要，这种修养方法从古至今都具有深刻的意义。

4. 提高精神境界

所谓“慎独”就是在无人监督的便利条件下，具有自觉遵守道德规范、不做坏事的能力。茶艺从业人员在工作中除了为品茶的顾客提供服务外，还要售卖茶叶、茶具，为顾客结账等，而每个人在工作时不可能总有人监督，因此要特别强调“慎独”。茶艺从业人员应自重自爱，时时刻刻按照职业道德的原则和规范严格要求自己，对工作尽职尽责。

第二节　茶艺师职业守则

职业守则是职业道德的基本要求在茶艺服务活动中的具体表现，也是职业道德基本原则的具体化和补充。因此，它既是每个茶艺从业人员在茶艺活动中必须遵守的行为规范，又是人们评判茶艺从业人员职业道德行为的标准。

（一）热爱专业，忠于职守

热爱专业是职业道德的首要一条，只有对本职工作充满热爱，才能积极、主动、创造性地去工作。茶艺工作是经济活动中的一个组成部分，做好茶艺工作，对促进文化的发展、市场的繁荣以及满足消费、促进社会物质文明和精神文明的进步，加强与世界各国人民的交流等方面，都有着重要的现实意义。因此，茶艺从业人员要认识到茶艺工作的价值，热爱茶艺工作，了解本职业的岗位职责、要求，以较高的职业水平完成茶艺服务工作。

（二）遵纪守法，文明经营

茶艺职业纪律是指茶艺从业人员在茶艺服务活动中必须遵守的行为准则，它是正常进行茶艺服务活动和履行职业守则的保证。

茶艺职业纪律包括劳动、组织、财务等方面的要求。所以，茶艺从业人员在服务过程中要有服从意识，听从指挥和安排，使工作处于有序状态，并严格执行各项制度，如考勤制度、安全制度等，以确保工作成效。茶艺从业人员每天都会与钱打交道，因此要做到不侵占公物、公款，爱惜公共财物，维护集体利益。此外，满足服务对象的需求是茶艺工作的最终目的。因此，茶艺从业人员要在维护顾客利益的基础上方便顾客、服务顾客，为顾客排忧解难，做到文明经商。

（三）礼貌待客，热情服务

礼貌待客、热情服务是茶艺工作最重要的业务要求和行为规范之一，也是茶艺职业道德的基本要求之一。它体现出茶艺从业人员对工作的积极态度和对他人的尊重，这也是做好茶艺工作的基本条件。

1. 礼貌待客

文明用语是茶艺从业人员在接待顾客时需使用的一种礼貌用语。它是茶艺从业人员与顾客进行交流的重要交际工具，同时又具有体现礼貌和提供服务的双重特性。

文明用语是通过外在形式表现出来的，如说话的语气、表情、声调等。因此，茶艺从业人员在与顾客交流时要语气平和、态度和蔼、热情友好，这一方面是来自茶艺从业人员的内在素质和敬业精神；另一方面需要茶艺从业人员在工作中不断训练自己。运用好语言这门艺术，不仅能正确表达茶艺从业人员的思想，还能更好地感染顾客，从而提高服务的质量和效果。

2. 仪态端庄

对于茶艺从业人员来说，整洁的仪容、仪表，端庄的仪态是服务质量的一部分，更是职业道德规范的重要内容和要求。茶艺从业人员在工作中精神饱满、全神贯注，会给顾客以认真负责、可以信赖的感觉，而整洁的仪容、仪表，端庄的仪态则会体现出对顾客的尊重和对本行业的热爱，给顾客留下美好印象。

3. 尽心尽责

茶艺从业人员尽心尽责就是要在茶艺服务中发挥主观能动性，用自己最大的努力尽到自己的职业责任，处处为顾客着想，使他们体验到标准化、程序化、制度化和规范化的茶艺服务。同时，茶艺从业人员要在实际工作中倾注极大的热情，耐心周到地把现代社会人与人之间平等、和谐的良好人际关系，通过茶艺服务传达给每个顾客，使他们感受到服务的温馨。

4. 真诚守信，一丝不苟

真诚守信和一丝不苟是做人的基本准则，也是一种社会公德。对茶艺从业人员来说也是一种态度，它的基本作用是树立信誉，树立起值得他人信赖的道德形象。

一个茶艺馆，如果不重视茶品，不注重为顾客服务，只是一味地追求经济利益，那么这个茶艺馆将会信誉扫地；反之，则会赢得更多的顾客，也会在竞争中占据优势。

5. 钻研业务，精益求精

钻研业务，精益求精是对茶艺从业人员业务上的要求。要为顾客提供优质服务，使茶文化得到进一步的发展，茶艺从业人员就必须有丰富的业务知识和高超的操作技能。因此，自觉钻研业务、精益求精就成了一种必然要求。如果只有做好茶艺工作的愿望而没有做好茶艺工作的技能，那也是无济于事的。

作为一名茶艺从业人员要主动、热情、耐心、周到地接待顾客，了解不同顾客的品饮习惯和特殊要求，熟练掌握不同茶品的沏泡方法。这与日常茶艺从业人员不断钻研业务、精益求精有很大的关系，它不仅要求茶艺从业人员要有正确的动机、良好的愿望和坚强的毅力，而且要有正确的途径和方法。学好茶艺的有关业务知识和操作技能有两条途径：一是要从书本中学习，二是要向他人学习，从而积累丰富的业务知识，提高技能水平，并在实践中加以检验。以科学的态度认真对待自己的职业实践，这样才能练就过硬的基本功，更好地适应茶艺工作。

第二章

茶艺礼仪

礼仪是一个宽泛的概念，它是人们在共同生活和长期交往中约定俗成的社会规范，它指导和协调个人或团体在社会交往过程中采取有利于处理相互关系的言行举止。

第一节　仪　　表

仪表指的是人的外表、它包括容貌、服饰、姿态等各个方面，端庄、美好、整洁的仪表在接待过程中能够使人产生好感，从而有利于达到交流效果。从泡茶上升到茶艺，泡茶的人与泡茶的过程、所冲泡的茶叶已融为一体，这时泡茶者的服饰、仪容、心态，应与环境相配合。

一、得体的着装

服装，大而言之是一种文化，它反映着一个民族的文化素养、精神面貌和物质文明发展的程度；小而言之，服装又是一种“语言”，它能反映出一个人的职业、文化修养、审美意识，也能表现出一个人对自己、对他人以至对生活的态度。着装的原则是得体和谐。

在泡茶过程中，如果服装颜色、式样与茶具环境不协调，“品茗环境”就不会是优雅的。茶艺师在泡茶时服装不宜太鲜艳，要与环境、茶具相匹配。品茶需要一个安静的环境，平和的心态。如果泡茶者服装颜色太鲜艳，就会破坏和谐优雅的气氛，使人有躁动不安的感觉。另外，服装式样以中式为宜，袖口不宜过宽，否则会沾到茶具或茶水，给人一种不卫生的感觉。服装要经常清洗，保持整洁。

二、整齐的发型

作为茶艺从业人员，发型的要求与其他岗位有一些区别。如果你主持茶艺的操作，头发应梳洗干净整齐，应避免头部向前倾时头发散落到前面来，否则会挡住视线影响操作。同时还要避免头发掉落到茶具或操作台上，否则客人会感觉很不卫生。

发型原则上要适合自己的脸型和气质，要按泡茶时的要求进行梳理。如果是短发，要求在低头时，头发不要落下挡住视线；如果是长发，泡茶时应将头发束起，否则将会影响操作。

三、优美的手型

如果是女士，首先要有一双纤细、柔嫩的手，平时注意适时的保养手，随时保持手的清洁；如果是男士，则要求手干净。因为在泡茶的过程中，客人的目光始终停留在你的手上，观看泡茶的全过程，因此服务人员的手极为重要。

手上不要戴饰物，如果佩戴太“出色”的首饰，会有喧宾夺主的感觉，显得不够高雅，而且体积太大的戒指、手链也容易敲击到茶具，发出不协调的声音，甚至会打破茶具。手指甲不要涂上颜色，否则给人一种夸张的感觉。茶艺操作过程中，双手处于主角的地位，主持者进行茶艺操作时，需要拿茶壶或其他茶具，如果手没洗干净，很可能污染茶叶与茶具。在茶艺比赛的时候，常听到评审老师提到哪个杯子有化妆品的味道，哪个杯子有肥皂的味道，这都是洗手时没把异味彻底冲掉，或是泡茶之前用手托腮，沾上了面部化妆品的味道所致。指甲要及时修剪整齐，保持干净，不留长指甲。

四、干净的面部

茶是淡雅的物品。茶艺从业人员如果是女士，为客人泡茶时，可化淡妆，不要抹太厚的脂粉，也不要喷洒味道浓烈的香水。否则，茶香会被破坏，与茶叶给人的感觉也是不一致的。茶艺从业人员如果是男士，泡茶前要将面部修饰干净，不留胡须，以整洁的姿态面对客人。

面部平时要注意护理、保养，要保持健康的肤色。在为客人泡茶时面部表情要平和放松，面带微笑。

五、优雅的举止

举止是指人的动作和表情，日常生活中人的一举手一投足、一颦一笑都可概括为举止。举止是一种不说话的“语言”，它反映了一个人的素质、受教育的程度及能够被人信任的程度。

对于茶艺从业人员来讲，在为客人泡茶过程中的举动尤为重要。就拿手的动作来说，如果左手趴在桌上，右手泡茶，看起来就显得很懒散；右手泡茶，左手不停地动，会给人种紧张的感觉；一手泡茶，一手垂直吊在身旁，从对方看来，就像缺了一只手的样子，不进行操作的手最好自然地放在操作台上。

在放置茶叶时，如果为了看清茶叶放了多少，把头低下来往壶内看，会显得不够从容；有时担心泡过头，放着客人不管，瞪着计时器看，也是不好的动作；弯着身体埋头苦干，个性显得不够开朗，待客不够亲切。所以泡茶时，身体尽量不要倾斜，以免给人失重的感觉。

一个人的个性很容易从泡茶的过程中表露出来，也可以借着姿态动作的修正，潜移默化地陶冶一个人的心情。当你看到一个人微笑地端端正正冲泡着最好的春茶时，还没有喝就已经感受了她健康、可爱的气息。

开始练习泡茶的时候，要将每一个动作都背出来，只求正确，打好基础；慢慢地，各项动作会变得纯熟。这时就要注意两件事：①将各种动作组合的韵律感表现出来；②将泡茶的动作融入与客人的交流中。

泡茶时，茶的味道虽然最为重要，但泡茶人得体的服装、整齐的发型、姣好的面容和优雅的动作也会给人一种赏心悦目的感觉，使品茶成为一种真正的享受。

六、正确的姿态

正确的站姿、坐姿、走姿、蹲姿是提供良好形象的重要基础，也是使客人在品茶的同时得到感官享受的重要方面。

（一）基本站姿（图 2-1）

1. 基本站姿要领

双脚并拢，身体挺直，大腿内侧肌肉夹紧，收腹、提臀、立腰、挺胸、双肩自然放松、头上顶、下颌微收，眼平视，面带微笑。

2. 站姿训练

（1）两人一组背靠背站立，两人背部中间夹一张纸。要求两人脚跟、臀部、双肩、背部、后脑勺贴紧，纸不能掉下来。每次训练 10~15 分钟。

（2）单人靠墙站立，要求脚跟、臀部、双肩、背部、后脑勺贴紧墙面，同时将右手放到腰与墙面之间，用收腹的力量夹住右手。每次训练 10~15 分钟。

（3）用头顶书本的方法来练习：头上顶一本书，为使书本不掉下来，就会自然地头上顶、下颌微收，眼平视，身体挺直。

（二）基本坐姿（图 2-2）

1. 基本坐姿要领

入座要轻而稳，坐在椅子或凳子的 1/2 或 2/3 处，使身体重心居中。女士着裙装先要轻拢裙摆，而后入座。入座后，双目平视，微收下颌，面带微笑；挺胸直腰、两肩放松。双膝、双脚、脚跟并拢，双手自然地放在双膝上或椅子的扶手上。全身放松，姿态自然、安详舒适，端正稳重。

2. 坐姿训练

练习入座要从左侧轻轻走到座位前，转身后右脚向后撤半步，从容不迫地慢慢坐下，然后把右脚与左脚并齐。离座时右脚向后收半步，而后起立。

坐姿可在教室或居室随时练习，坚持每次 10~20 分钟。

坐姿切忌两膝盖分开，两脚呈八字形；不可两脚尖朝内，脚跟朝外，两脚呈内八字形；坐下要保持安静，忌东张西望；双手可相交搁在大腿上，或轻搭在扶手上，手心向下。

图 2-1 站姿

图 2-2 坐姿

（三）行姿（图 2-3）

1. 行姿要领

双目向前平视，微收下颌，面带微笑；双肩平稳，双臂自然摆动，摆幅在 30°～35°为宜；上身挺直，头正扩胸，收腹、立腰、重心稍前倾；行走时移动双腿，跨步脚印为一条直线，脚尖应向着正前方，脚跟先落地，脚掌紧跟落地；步幅适当，一般应该是前脚脚跟与后脚脚尖相距一脚之长；上身不可扭动摇摆，保持平稳。

图 2-3　行姿

良好的步态应该是轻盈自如、矫健协调、敏捷而富有节奏感。

2. 行姿训练

（1）双肩双臂摆动训练。身体直立，以身体为柱，以肩关节为轴向前摆 30°，向后摆至不能摆为止。纠正肩部过于僵硬和双臂横摆。

（2）走直线训练。找条直线，行走时两脚内侧落在该线上，证明走路时两只脚的步位基本正确。纠正内外八字脚和步幅过大或过小。

（3）呼吸与脚步应配合。穿礼服、裙子或旗袍时，步幅不可过大，应轻盈优美。穿长裤时，步幅可稍大些，但最大步幅也不可超过脚长的 1.6 倍。

（四）鞠躬

鞠躬礼源自中国，指弯曲身体向尊贵者表示敬重之意，代表行礼者的谦恭态度。礼由心生，外表的身体弯曲，表示了内心的谦逊与恭敬。目前在许多亚洲国家，鞠躬礼已成为常用的人际交往礼节。

鞠躬礼是茶艺活动中常用的礼节，茶道表演开始和结束，主客均要行鞠躬礼。鞠躬礼有站式（图 2-4）、坐式和跪式（图 2-5）三种。根据鞠躬的弯腰程度可分为真、行、草三种。“真礼”用于主客之间，“行礼”用于客人之间，“草礼”用于说话前后。

1. 站式鞠躬礼动作要领

以站姿为预备，左脚先向前，右脚靠上，左手在里，右手在外，四指合拢相握于腹前。然后将相搭的两手渐渐分开，平贴着两大腿徐徐下滑，手指尖触至膝盖上沿为止，同时上半身平直弯腰，腰弯下时吐气，起身时吸气。弯腰到位后略做停顿，表示对对方真诚的敬意，再慢慢直起上身，表示对对方连绵不断的敬意，同时手沿腿上提，恢复原来的站姿。行礼时的速度要尽量与他人保持一致，以免出现不协调感。“真礼”要求头、背与腿成 90°的弓形（切忌只低头不弯腰，或只弯腰不低头），“行礼”要领与“真礼”相同，只是双手触到大腿中部即可，头、背与腿约成 120°的弓形。“草礼”只需将身体向前稍做倾斜，两手搭在大腿根部即可，头、背与腿约成 150°的弓形。

2. 跪式鞠躬礼动作要领

“真礼”以跪坐姿为预备，背、颈部保持平直，上半身向前倾斜，同时双手从膝上渐渐滑下，全手掌着地，两手指尖斜相对，弯腰至胸部与膝间只剩一个拳头的空当（切忌只低头不弯腰或只弯腰不低头），身体成 45°前倾，稍做停顿，慢慢直起上身。同样，行礼时动作

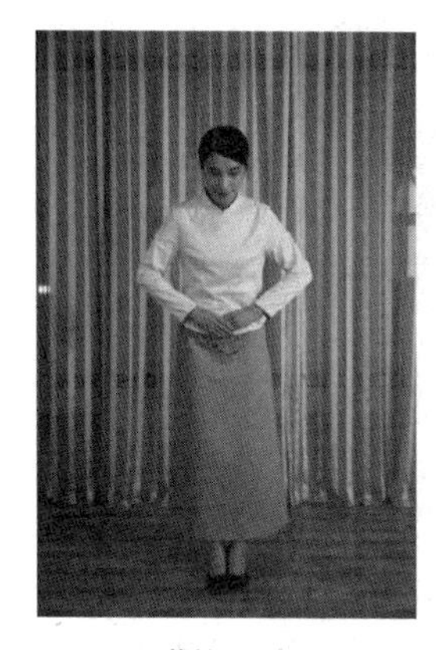
草礼正面

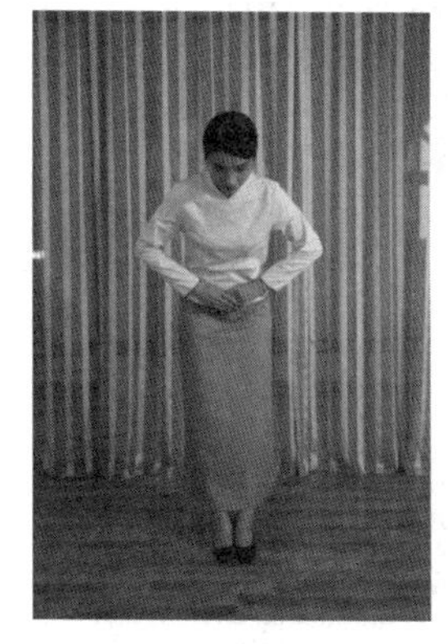
行礼正面观

真礼正面观

草礼侧面观

行礼侧面观

真礼侧面观

图 2-4　站式鞠躬

要与呼吸配合，弯腰时吐气、直身时吸气，速度与他人保持一致。“行礼”动作与“真礼”相似，但两手仅前半掌着地（第二手指关节以上着地即可），身体约成55°前倾；行“草礼”时仅两手手指着地，身体约成65°前倾。

跪坐式正面观

跪坐式侧面观

图 2-5　跪式鞠躬礼

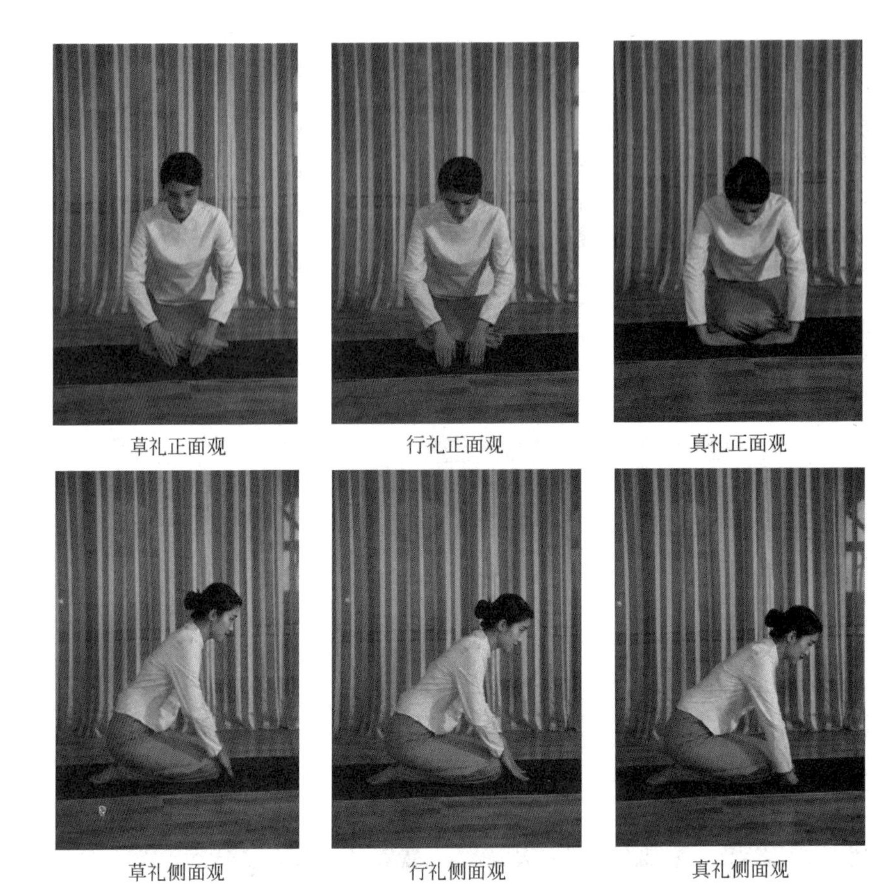

图 2-5　跪式鞠躬礼（续）

第二节　礼节、礼貌

礼节、礼貌是茶人所必须具备的基本素质。

一、礼节的含义

礼节是人们在日常生活中，特别是在交际场合中，相互问候、致意、祝愿、慰问以及给予必要的协助与照料的惯用形式，是礼貌在语言、行为、仪态等方面的具体表现。各国各民族都有自己的礼节。随着时代的进步，礼节也发生着变化，像我国古代的跪拜礼已鲜为人知。而在世界各国交往中，有些礼节人们已互相借鉴融通，例如握手礼，原本是西方国家盛行的礼节，刚传入中国时也曾令许多人感到别扭，现在却已成为习以为常的礼节了。

礼节具有各种形式，包括现代世界大多数国家通行的点头致意礼、握手礼，一些佛教国家的双手合十礼以及西方的拥抱礼、贴面礼等。

二、礼貌的含义

礼貌是人与人在接触交往中，相互表示敬重和友好的行为，它体现了时代的风尚与人们的道德品质，体现了人们的文化层次和文明程度。礼貌是一个人在待人接物时的外在表现，这种表现是通过仪表、仪容、仪态以及语言和动作来体现的。凡是讲礼貌的人往往是待人恭敬、大方有礼，行为举止显得很有教养。反之，那些语言粗俗、行为不雅、衣冠不整的人往往是没有礼貌的。

世界各民族都十分重视交往时的礼节、礼貌，并将其看作是一个国家和民族文明程度的重要标志，同时这也是衡量一个人道德水平高低和教养有无的尺度。礼节是礼貌的具体表现，二者之间具有相辅相成的关系，有礼貌而不懂礼节，容易失礼。有一些人虽然懂得一些礼节，但在施礼时却缺乏诚意，一味地应付，使对方感到不舒服，从而拉大心理上的距离感；还有一些人对他人虽有恭敬、谦虚之心，但在与人交往时却显得手足失措，或因礼节不周而使人感到尴尬。以上的言行应该说都是没有懂得礼节的含义和作用的结果。讲究礼节、礼貌，不能单纯地机械模仿，也不能故作姿态欺骗人，敬人要从心里敬，并在行为上表现出来，内心和动作要协调一致，表里如一。

三、礼节、礼貌的具体体现

茶艺从业人员在工作中都应该自觉讲究礼节、礼貌，以示对宾客的尊重和友好。大体上讲，从表达和动作上加以区别、归纳，可以分为体现在语言上的礼节和体现在行为举止上的礼节。

（一）体现在语言上的礼节

1. 称呼礼节

称呼礼节是指茶艺从业人员在日常工作中与宾客交谈或沟通信息时应恰当使用的称呼。最为普通的称呼是“先生”“小姐”。在茶艺从业人员工作中，切忌使用“喂”来招呼宾客，即使宾客离你较远，也不能这样高声叫喊，而应主动上前恭敬地称呼宾客。

由于各国社会制度不同，民族语言各异，风俗习惯相差很大，因而茶艺从业人员需要多加学习研究，善于正确使用称呼，以免造成不必要的误会，这也是做好茶艺服务工作的一个不可忽视的方面。

2. 问候礼节

问候礼节是指茶艺从业人员在日常工作中根据时间、场合和对象用不同的礼貌语言向宾客表示亲切的问候和关心的礼节。

茶艺从业人员根据工作情况的需要，在与宾客相见时应主动问好：“您好，欢迎光临！”或在一天中的不同时候遇到宾客时要说“早上好”“下午好”“晚上好”，这样会使对方备感自然和亲切。

3. 应答礼节

应答礼节是指茶艺从业人员在回答宾客问话时的礼节。茶艺从业人员在应答宾客的询问时要站立说话，不能坐着回答，要全神贯注地倾听，不能心不在焉；在交谈过程中要始终保持良好的精神状态；说话时应面带笑容、亲切热情，必要时还要借助表情和手势来沟通和加深理解。

茶艺从业人员对宾客提出的问题要真正明白后再作适当回答，不可不懂装懂、答非所问，也不能表现出不耐烦，以免造成不必要的误会。

对于一时回答不了或回答不清楚的问题，可先向宾客致歉，待查询后再作答。凡是答应宾客随后再作答复的事，一定要守信，否则是一种失礼行为。

茶艺从业人员在回答宾客的问题时，要做到语气婉转、口齿清晰、语调柔和、声音大小适中。同时，还要注意在与宾客对话时自动停下手中的其他工作。

茶艺从业人员在与多位宾客交谈时，不能只顾一位客人而冷落了其他的人，要一一作答。

茶艺从业人员对宾客的合理要求，要尽量快速做出使宾客满意的答复。对宾客的过分或无理要求要婉言拒绝，并要表现出热情、有教养、有风度。

当宾客称赞茶艺从业人员的良好服务时，应报以微笑并谦逊地感谢宾客的夸奖。

（二）体现在行为举止上的礼节

1. 迎送礼节

迎送礼节是指茶艺从业人员在迎接宾客时的礼节。这种礼节不仅体现出茶艺从业人员对来宾的欢迎和重视，而且也反映了茶艺接待工作的规范和周到。

品茶宾客来到茶艺馆时，茶艺从业人员要笑脸相迎、热情招呼。当客人离去时要热情相送。

2. 操作礼节

操作礼节是指茶艺从业人员在日常业务工作中的礼节。

茶艺从业人员在工作场所要保持安静，不要大声喧嚷、唱歌、打牌或争吵。如遇宾客有事召唤，也不能高声回答；若距离较远，可点头示意表示自己马上就会前来服务。

在走廊或过道上遇到迎面而来的宾客，茶艺从业人员要礼让在先，主动站立一旁，为宾客让道。与宾客往同一方向行走时，不能抢行；在引领宾客时，茶艺从业人员要位于宾客左前方二三步处，随客人同时行进。

茶艺从业人员在服务中要注意“三轻”，即说话轻、走路轻、操作轻。

为宾客递送茶单、茶食、账单一类的物品时，要使用托盘。

在为宾客泡茶的过程中如不慎打坏茶杯等器具时，要及时表示歉意并马上清扫、更换。

在为宾客泡茶时，不能做出抓头搔痒、剔牙、挖耳、擦鼻涕、打喷嚏等举动。

茶艺从业人员在任何情况和场合下都要有自控情绪和行为的能力，相互之间应真诚团结、密切合作。这样，才能在操作中做到不失礼。

四、礼貌服务用语的正确使用

在茶艺服务工作中，茶艺从业人员都应处处注意正确使用服务用语。礼貌的服务用语是茶艺服务中的基本工具，要使每一句服务用语都发挥它的最佳效果，就必须讲究语言的艺术性，根据茶艺工作的服务要求和特点来灵活掌握。

（一）茶艺从业人员要注意说话时的仪态

每一个茶艺从业人员都应注意说话时的仪态。在与宾客对话时，面带微笑，通过关注的目光进行感情交流，或通过点头和简短的提问、插话表示对宾客谈话的关注和兴趣。为了表示对宾客的尊重，一般应站立说话。

（二）茶艺从业人员要注意语言的准确和恰当

讲究语言艺术会给宾客良好的感受。如“请这边走”使宾客听起来觉得有礼貌，若把“请”字省去，变成了“这边走”，在语气上就显得生硬，变成命令式的了，这样会使宾客听起来不舒服，难以接受。另外，恰当、客气的用语也能使人听起来更文雅，也更易于让人接受，如用“您贵姓”代替“您叫什么”等。

（三）茶艺从业人员要注意语言简练、突出中心

在茶艺从业过程中，茶艺从业人员要用简练的语言与宾客交谈，如果说话啰唆、拐弯抹角，费了许多时间还讲不清，那么宾客会厌烦、急躁，甚至产生误会。

（四）茶艺从业人员要注意说话的语音、语调、语速

茶艺从业人员在与宾客说话时要注意语音、语调和语速，说话不仅是在交流信息，同时也是在交流感情。所以，许多复杂的情感往往通过不同的语调和语速表达出来。明快、爽朗的语调会使人感到大方的气质和直率的性格，而声音尖锐刺耳或说话速度过快，会使人感受急躁、不耐烦的情绪。另外，有气无力、拖着长长的调子，也会给人一种精神不振、矫揉造作之感。因此，茶艺从业人员在与宾客谈话时要掌握好音调与节奏。以婉转柔和的语调，给宾客带来一份和谐的交流氛围和良好的语言环境，这也是使用礼貌服务用语的要求之一。

第三节　茶艺服务的常用礼节

一、伸掌礼

这是茶道表演中用得最多的示意礼。当主泡与助泡之间协同配合时，主人向客人敬奉各种物品时常用此礼，表示的意思为“请”“谢谢”。当两人相对时，可伸出右手掌对答表示；当两人侧对时，右侧方伸右掌。左侧方伸左掌对答表示。

伸掌礼动作要领为：五指并拢，手心向上，伸手时要求手略斜并向内凹，手心中要有含着一个小气团的感觉，手腕要含蓄有力，同时欠身并点头微笑，动作要一气呵成。

二、叩手（指）礼

此礼是从古时中国的叩头礼演化而来的，古时叩头又称叩首，以“手”代“首”，这样，“叩首”为“叩手”所代。最初的叩手礼是比较讲究的，必须屈腕握空拳，叩指关节。随着时间的推移，逐渐演化为将手弯曲，用几个指头轻叩桌面，以示谢意。

叩手（指）礼动作要领：①长辈或上级给晚辈或下级斟茶时，下级和晚辈必须用双手手指作跪拜状叩击桌面两三下；②晚辈或下级为长辈或上级斟茶时，长辈或上级只需用单指叩击桌面两三下表示谢谢；③同辈之间敬茶或斟茶时，单指叩击表示我谢谢你，双指叩击表示我和我先生（太太）谢谢你，三指叩击表示我们全家人谢谢你。

三、寓意礼

在长期的茶事活动中，形成了一些寓意美好的祝福的礼节动作。在冲泡时不必使用语言，宾主双方就可进行沟通。

常见寓意礼的动作要领如下。

（1）“凤凰三点头”，即用手高提水壶，让水直泻而下，接着利用手腕的力量，上下提拉注水，反复三次，让茶叶在水中翻动。寓意是向客人三鞠躬以示欢迎。

（2）回旋注水，在进行烫壶、温杯、温润泡茶、斟茶等动作时，若用右手必须按逆时针方向，若用左手则必须按顺时针方向回旋注水，类似于招呼手势。寓意“来！来！来！”表示欢迎，反之则变成暗示挥手“去！去！去！”的意思。

四、握手礼

握手强调“五到”，即身到、笑到、手到、眼到、问候到。握手时，伸手的先后顺序为：贵宾先、长者先、主人先、女士先。

握手礼的动作要领：握手时，身体应离握手对象1米左右，上身微向前倾斜，面带微笑，伸出右手，四指并拢，拇指张开与对象相握；眼睛要平视对方的眼睛，同时寒暄问候；握手时间一般在3~5 s为宜；握手力度适中，上下稍许晃动三四次，随后松开手来，恢复原状。

握手的禁忌为：①拒绝他人的握手；②用力过猛；③交叉握手；④戴手套握手；⑤握手时东张西望。

五、礼貌敬语

语言是沟通和交流的工具。掌握并熟练运用礼貌敬语，是提供优质服务的保障，是从事任何一种职业都要具备的基本能力，主要包括问候语、应答语、赞赏语、迎送语等。

（一）问候语

标准式问候用语有：“你好！”“您好！”“各位好！”“大家好！”等。

时效式问候语有：“早上好！”“早安！”“中午好！”“下午好！”“午安！”“晚上好！”“晚安！”等。

（二）应答语

肯定式应答用语：“是的”“好”“很高兴能为您服务”“随时为您效劳”“我会尽力按照您的要求去做”“一定照办”等。

（三）赞赏语

（1）评价式赞赏用语：“太好了”“对极了”“真不错”“相当棒”等。

（2）认可式赞赏用语：“还是您懂行”“您的观点非常正确”等。

（3）回应式赞赏用语：“哪里”“我做的不像您说的那么好”等。

（四）迎送语

（1）欢迎用语：“欢迎光临”“欢迎您的到来”“见到您很高兴”等。

（2）送别用语：“再见”“慢走”“欢迎再来”“一路平安”等。

与客人谈话时，拒绝使用“四语”，即蔑视语、烦躁语、否定语和顶撞语，如“哎……”“喂……”“不行”“没有了”，也不能漫不经心、粗音恶语或高声叫喊等；服务有不足之处或客人有意见时，使用道歉语，如“对不起”“打扰了……”“让您久等了”“请原谅”“给您添麻烦了”等。

第四节　茶艺从业人员的妆饰

一、不同脸型人的化妆及发型

化妆的目的是突出容貌的优点，掩饰容貌的缺陷。但茶艺从业人员不能过分地化妆，宜化淡妆，让脸部五官比例匀称协调、在化妆时一般以自然为原则，使其恰到好处。

（一）可爱的圆形脸

圆形脸女士给人以可爱、玲珑之感，只是要打扮出成熟女人优雅的气质不易。所以圆形脸女士化妆的要点是遮掩或淡化过圆的脸，并在穿衣打扮时强调优雅与成熟。

1. 化妆

圆形脸女士唇膏可在上嘴唇涂成浅浅的弓形。纯白色的粉底不适合圆形脸的女士，粉红色系的粉底比较合适。圆形脸女士应选择上挑有折角并较粗而清爽的眉形。

2. 发型

圆形脸女士发型应注意表现脸部轮廓，前额应显得既清爽简单，又不能完全露出。可用三七开的发型，让头发自然垂下遮住两侧过宽的脸，使其显得长一些。蓬松的卷发不适合圆形脸。

（二）成熟的长形脸

长形脸女士给人以理性、深沉、充满智慧的印象，但是却容易给人老气、孤傲的印象。所以在装扮时，应适当强调活泼轻快的风格与柔和的女人味。

1. 化妆

长形脸女士化妆时应力求达到增加面部宽度的效果。胭脂应打在离鼻子稍远些的两侧脸颊上，在视觉上拉宽面部。若想表现自己成熟的风貌，可选用棕色或金色系的眼影。眉形应画得稍长，位置不宜太高，并加重眼外侧的眼影，以扩大脸的宽度。

2. 发型

长形脸女士可选用带刘海的发型，用刘海遮掩前额，打造缩短脸部的视觉效果；也可使用精巧的头饰、缎带等来增添女性的娇柔。头顶的头发应做平，顶部高耸的发型会使脸显得更长。长形脸的女士宜选择蓬松的发型，不适合清汤挂面式的直发。

（三）优雅的方形脸

方形脸以双颊骨突出为特点，轮廓分明，极具现代感，给人意志坚定的印象。在化妆时，要设法加以掩饰，增加柔和感。

1. 化妆

方形脸女士胭脂宜涂抹得与眼部平行，可用适合自己肤色的粉底涂于面部，用较深色的粉底在两腮处打出阴影。脸部中央及额部用亮一些的粉底加以强调。唇膏，可涂丰满些，强调柔和感。眉毛应修得宽一些；眉形可稍带弯曲，不宜有角。

2. 发型

方形脸女士应利用发梢的设计，恰到好处地遮掩前额与脸侧。发尾内卷的典雅发型是极好的选择。

（四）端庄的椭圆形脸

椭圆形脸可谓公认的理想脸型，化妆时应注意保持脸型不变。

1. 化妆

椭圆形脸女士尽量按自然唇形涂抹唇膏，可选择时髦些的唇膏色系，着重刻画脸部的立体感。眉毛可沿着眼睛的轮廓修成弧形，眉头应与内眼角齐，眉毛可稍长于外眼角。

2. 发型

椭圆形脸可选择的发型很多，但也正因如此，反而不知该如何下手。最好是选择既可充分表现脸部娇美又具个性的发型。

二、优美的手部修饰与保养

作为茶艺从业人员，首先要有一双纤细、柔嫩的手，平时应注意保养，随时保持手的清洁卫生。双手不要戴太“出色”的首饰，会有喧宾夺主的感觉。手指甲不要涂上颜色，指甲要及时修剪整齐，保持干净，不留长指甲。需要特别注意的是，手上不能残存化妆品的气味，以免影响茶叶的香气。

三、服饰要求

服饰能反映人的地位、文化水平、文化品位、审美意识、修养程度和生活态度等。服饰要与周围的环境、着装人的身份、身材以及节气协调，这是服饰的四种基本要求。

泡茶人的服装不宜太鲜艳，要与环境、茶具相匹配，品茶需要一个安静的环境、平和的心态。如果泡茶者的服装太鲜艳，会破坏那种和谐、优雅的气氛，使人有浮躁不安的感觉。服装式样以中式为宜，袖口不宜过宽。

适合不同脸型人的服饰具体如下。

（1）圆形脸女士宜选择款式简洁的服装体现自己的成熟韵味，饰物也应简而精，避免各种可爱的小饰物。对比强烈而清爽的条纹衬衫可让圆形脸女士显得理性而端庄。

（2）长形脸女士宜选择职业套装，为了避免过分的单调与刻板，可用围巾或胸针点缀，显得时髦而柔和。优雅的长裙和粉色系针织外套可为长形脸的女士增添一份女性的温柔气质。

（3）椭圆形脸女士穿什么衣服都好看，可以古典，也可以现代，即使是搭配新潮的配件也不会显得出格。

（4）方形脸女士宜选择时髦合体的西装，也可用充满女性味的服饰表现自己温柔的气质。

第三章

茶艺接待

第一节　接待准备

接待准备工作是茶艺馆为宾客提供优质服务的前提，包括环境的准备、用具的准备、茶品的准备、人员的准备三个方面。

一、环境的准备

中国人既然把饮茶看作是一种艺术，那么，饮茶的环境便要十分讲究。

品茗喝茶，除了要有好的茶叶、好的茶具、好的水、好的泡茶技艺之外，品茗环境的准备也是重要的一环。茶艺馆的布置、陈列要讲求情调。有道是，赏花须结韵友，登山须结逸友，泛舟须结旷友，对目须结冷友，踏雪须结艳友，饮酒须结豪友，品茶须结静友。茶室是为恬静的伴侣而设的，茶将人带到对人生沉思默想的境界，茶象征着纯洁，令人有飘飘欲仙之感。因此，品茶的厅堂陈设通常讲究古朴、雅致、简洁，气氛悠闲、富于文化气息，芬芳满室，清雅宜人。来到茶室，则进入宁静而安逸的境地，超凡脱俗，高雅闲适。在竞争激烈的社会环境中，茶艺馆是难得的清静之所。

茶艺馆外观装修追求典雅别致，内部装潢和桌椅陈设力求幽静、雅致，四壁或柱上悬挂书画或雕刻，在适当的位置摆放盆景、插花以及古玩和工艺品，还可以摆设书籍、文房四宝以及乐器和音响。

总结古今经验，品茶环境追求一个“幽”字，幽静雅致的环境，是品茶的最佳选择。品茶环境要求清洁、幽静、雅致，这是重要也是基本的要求。在杂乱、喧闹、不洁之地，则领略不到品茶的真情趣。

关于品茶场所，明代罗廪在《茶解》中有一段妙言，他说：“山堂夜坐，手烹香茗，至水火相战，俨听松涛，倾泻入瓯，云光缥缈，一段幽趣，故，难与俗人言。”明代徐渭在《煎茶七类》中所记的品茶场所：“凉台净室，明窗曲几，僧寮道院，松风竹月，晏坐行吟，清谈把卷。”明代许次纾在《茶疏》中也提出许多幽雅的品茶环境，如小桥画舫，茂林修竹，荷亭避暑，小院焚香，清幽寺观，明窗净几，听歌闻曲，鼓琴看画。王复礼在《茶说》中写道：“花晨月夕，贤主嘉宾，纵谈古今，品茶次第，天壤间更有何乐！”郑板桥在《寄弟家书》中也说：“坐小阁上，烹龙凤茶，烧夹剪香，令友人吹笛，作《落梅花》一弄，真是人间仙境也。”

主张返璞归真者，可将茶室布置得充满田园乡土气息，力求雅致简洁，体现宁静、安逸、和谐的气氛。至于空间的大小，可根据条件而定，大则厅堂，小则阳台、客厅一隅都可以。“室雅何须大”，关键是一个“雅”字。

在品茶厅堂或茶室，悬挂与品茶场所和茶室相配合的书画，不仅可以升华品茶环境的美雅境界，还可为品茶助兴，引发话题和情趣。在中国历史上，高明的品茶人往往都是杰出的艺术家。唐代的众多饮茶人士，宋代的苏轼、苏辙、欧阳修、徽宗赵佶，元代的赵孟頫，明代的吴中四杰，清代的乾隆皇帝乃至近现代的许多文学大家，都是既有很高的文化修养、艺术造诣，又懂茶理的人。中国人把饮茶称为“茶艺”是因为在烹饮过程中融会了高深的艺术思想和美学观点。因此，不能简单地把中国茶艺看作一种技法，而应全面理解其中的器物、技艺、韵味与精神。

品茗环境除追求“净”“雅”“洁”之外，还要注意光线的柔和、空气的流通。摆设装潢以纸窗、竹床、石枕、名花、奇树等较为普遍。“不可居无竹，无竹使人俗”，竹器、竹木的装饰是茶艺馆应用最多的原材料。

茶艺馆在装潢、设计时除了要把经营理念、审美观念贯彻其中外，还要注意无论哪种类型，都应必备茶台、陈列柜（也称百宝格）、茶桌、茶椅等主要装饰。

另外，还要注意以下几点。

① 做好茶艺馆大厅、单间内外的卫生清洁工作。

② 整理茶艺馆内的挂画、插花、陈列品等装饰物。

③ 点香、播放音乐，营造幽雅平静的氛围。

二、用具的准备

“工欲善其事，必先利其器。”品茶之趣，不仅注重茶叶的色、香、味、形和品茶的心态、环境，还要讲究用什么茶具加以配合。明代许次纾在《茶疏》中说：“茶滋于水，水藉于器，汤成于火，四者相须，缺一则废。”说明茶器与茶性之间有着直接的联系。

茶具是随着饮茶方法的改变而改变，不断制造出新品种的。品茶不仅是生理上的需要，而且形成了一种文化，为全民族所共有。中国拥有众多少数民族，他们在语言、文字、习俗方面有许多差异，但在饮茶、品茶、使用讲究的茶具方面都是一致的，茶和茶具是珠联璧合的文化载体。

茶具一般是指茶杯、茶碗、茶壶、茶盏、茶碟等饮茶用具。芬芳馥郁的茶叶配上质优、雅致的茶具，更能衬托茶汁的颜色，更能保持浓郁的茶香。精致的茶具是一件艺术品，既可沏茶品茗，又能使人从中得到美的享受，增添无限的情趣。

茶室一般先选用主泡茶器具，再根据主泡茶器具选择并准备其他茶具。

三、茶品的准备

根据国家茶艺师职业技能标准要求，作为茶艺师要了解茶叶分类、品种、名称、基本特征等基础知识；能识别六大茶类中的中国主要名茶；能识别新茶、陈茶；能根据茶样初步区分茶叶品质和等级高低。

四、人员的准备

在茶艺从业人员做好环境及用具的准备工作的同时，自身的准备也是必不可少的。茶艺馆的服务是很讲究的，不仅要求茶艺从业人员有良好的文化素质、丰富的茶叶知识，以及专业的泡茶技巧，个人的仪容、仪表也非常重要。具体要求如下。

（1）在茶艺馆正式营业前，茶艺从业人员要化好淡妆，不可浓妆艳抹，不喷洒香水。

（2）注意手的卫生，不涂指甲油，不佩戴饰物。

（3）头发要干净、整洁、梳理好，如果是长发要扎到后面，不要让头发垂下来。

（4）服装以中式为主，做到洁净、整齐。

第二节　茶艺馆工作人员接待程序及岗位职责

一、茶艺馆工作人员接待程序

茶艺馆接待程序主要有迎宾、递送茶单、泡茶、结账收款。

（一）迎宾

有专人在门口进行迎宾，根据来客的人数，把宾客安排到适当的位置，要向宾客介绍茶室的收费情况，包括单间是免费还是收费及收费价格、折扣等信息。

（二）递送茶单

使用托盘将茶单交与宾客，并适时地为宾客介绍茶叶（包括名称、产地、价格等），由宾客自行选定。在此过程中，服务人员可展示自己的推销技巧。

（三）泡茶

无论冲泡哪种茶，都要在宾客面前进行表演。事先要准备好茶叶、茶具、水，按规定进行沏泡表演。

（四）结账收款

结账时工作人员应算清款项。不论茶客消费多少，收款时都应彬彬有礼。

二、茶艺馆工作人员的岗位职责

茶艺馆一般有经理、领班、迎宾员、茶艺师、服务员等。茶艺馆应根据规模定员定编，确定岗位职责。

（一）茶艺馆经理的主要职责

- 了解茶艺馆内的设施情况，监督及管理茶艺馆内的日常工作。
- 安排员工班次，核准考勤表。
- 定期对员工进行培训，确保茶艺馆服务标准得以贯彻执行。
- 经常检查茶艺馆内的清洁卫生、员工个人卫生、服务台卫生，以确保宾客饮食安全。
- 与宾客保持良好关系，协助营业推广，反映宾客的意见和要求，以便提高服务质量。
- 签署领货单及申请计划，督促及提醒员工遵守茶艺馆的规章制度并做好物品的保管。
- 抓成本控制，严格堵塞偷拿、浪费等漏洞。
- 填写工作日记，反映茶艺馆的营业情况、服务情况、宾客投诉或建议等。

- 经常检查常用货物准备是否充足，确保茶艺馆正常运转。
- 及时检查茶艺馆设备的状况，做好维护保养工作及茶艺馆安全和防火工作。

（二）茶艺馆领班的主要职责

- 接受经理指派的工作，全权负责本区域的服务工作。
- 负责填报本班组员工的考勤情况。
- 根据宾客情况安排好员工的工作班次，并视工作情况及时进行人员调整。
- 督促每一个服务员并以身作则大力向宾客推销产品。
- 带领服务员做好班前准备工作与班后收尾工作。
- 营业结束带领服务员搞好茶艺馆卫生，关好电灯、电力设备开关，锁好门窗、货柜。
- 配合茶艺馆经理对下属员工进行业务培训，不断提高员工的专业知识和服务技能。
- 核查账单，保证在宾客结账前账目准确。

（三）茶艺馆迎宾员的主要职责

- 在本茶艺馆进口处，礼貌地迎接宾客，引领宾客到适当座位，并为宾客拉椅让座。
- 通知区域领班或服务员，及时送上茶单及其他服务。
- 熟知茶艺馆内所有座位的位置及容量。
- 将宾客平均分配到不同的区域。
- 接受或婉言谢绝宾客的预订。
- 帮助宾客存放衣帽、雨伞等物品。

（四）茶艺师的主要职责

- 每天负责准备好充足的货品及用具。
- 根据宾客的要求准备不同的茶叶及沏泡用具。
- 按照不同的茶叶种类采用不同的方法为宾客沏泡。
- 认真地按照茶艺操作方法和步骤进行沏泡。
- 耐心细致地为宾客讲解。
- 要协调好与服务员的关系。

（五）服务员的主要职责

- 负责擦净茶具、服务用具，清扫茶艺馆卫生。
- 熟悉各种茶叶、茶食，做好推销工作。
- 按茶艺馆规定的服务程序和规格，为宾客提供尽善尽美的服务。
- 为茶艺师当好助手。
- 负责宾客离开的收尾工作。
- 接受宾客订单，搞好收款结账工作。
- 随时留意宾客的动静，以使宾客召唤时能迅速做出反应。积极参加培训，不断提高服务技能和服务质量。

第三节　茶艺馆的定位

茶艺馆是弘扬中国茶文化的窗口和前沿阵地，是物质文明建设与精神文明建设的统一体。作为企业，它不仅向人们提供精神与物质的享受，也要努力为自身创造经济效益。

一、高雅文化品位的确立

高雅的文化品位是茶艺馆的经营特色；弘扬中国茶文化，振兴中国茶业经济是茶艺馆的经营宗旨。经营宗旨是企业经营的哲学、信条、方针和理念，是企业的立业之本，如果企业没有明确的经营宗旨和特色，企业本身也就失去了生存的价值、空间。

中国茶文化是一部博大精深的经典，有着非常丰富的内涵。茶艺馆的经营宗旨、灵魂是弘扬中国茶文化，所以在市场定位上，一定要有鲜明的经营特色，坚持以茶文化为中心，围绕茶文化做文章。在装修设计上，无论是豪华或简朴，都应以传统的民族文化为基调，融合民族传统的美学、建筑学、民俗学，创造一个浓郁的传统文化氛围。在装潢布置上，诗、书、琴、画、用具器皿要处处显示传统文化特色。茶艺馆的每一个角落，都要给客人一个强烈的感觉：未品香茗，已闻茶香；未读茶经，已识茶道。

二、服务对象

一定的客源是维持茶艺馆生存的必要条件，从商业经营的角度看："人旺财旺"，只要顾客多了，企业效益自然会高。但在现阶段，人们的文化修养、消费水平存在较大的差异，优雅的文化氛围和恬淡寡欲的消费方式不可能为全体大众所接受。所以，在服务对象和客源选择上，茶艺馆应该有所侧重。茶艺馆主要有以下几类客源。

1. 茶艺会员

茶艺馆发动和组织一批有志于弘扬中国茶文化的专业人士、文人雅客、商界人士，兴办茶艺会，会员既是固定客源，又是茶艺事业的倡导者和推动者。

2. 海内外游客

每个地区都有一些自然的旅游资源，可与当地的旅游部门挂钩定点，茶艺馆可配合地方的旅游文化建设，作为人文景观。这样，不仅可以向海内外游客介绍中国茶文化，同时也可以促进茶叶、茶具等茶艺商品的销售。

3. 普通散客

由于茶文化的兴起，品茶已成为很多人士日常的消遣，无论是洽谈业务、聚会聊天还是谈情说爱，人们已经厌倦了酒吧、歌舞厅的喧闹，喜欢寻觅一个安静、优雅的地方，所以茶艺馆成为首选。

三、整体服务水平的提高

在市场经济大潮下，新一代茶艺馆面临严峻的挑战和激烈的竞争，要立于不败之地，除了坚持高品位的文化特色外，还需不断提高整体的服务水平。

由于茶艺馆面对的是较高层次的服务对象，茶艺馆从业人员通过自己的"讲"和"做"，使服务对象得到精神和物质文化的享受。这就要求茶艺从业人员和管理人员具备比一般服务行业更高的文化素质和服务水平。

"讲"和"做"是服务人员服务水平的具体表现，是茶艺服务人员文化素质和操作技能的具体反映。茶艺馆从业人员必须具备的服务技能如下。

- 对茶的历史、栽培、加工制造、茶叶分类与茶具、茶文化的知识有深入的了解。
- 能熟练沏泡各种茶。

- 具备与茶文化有关的中国传统文化的基本知识。
- 具备良好的文化素质。

服务水平高低，直接关系茶文化的传播和企业在市场竞争中的地位，所以，茶艺馆必须把提高服务水平作为“企业的生命”来认识。

四、企业的经营管理

相对来说，茶艺馆的经营规模一般都不是很大，但要抓好管理仍然不是一件简单的事。

1. 抓货源管理

目前由于茶叶市场放开，茶叶、茶具的品种、质量、价格相当混乱，稍不注意，就会高价买劣货。

2. 抓人才管理

社会提倡自由择业，茶艺馆从业人员流动频繁，特别是茶艺服务人员，只有相对稳定的茶艺队伍，才能保证茶艺馆的服务水平，树立长期良好的企业形象。

3. 抓内部管理

茶艺馆的环境卫生，设施更新，人员的仪容仪表，每个细小环节，都不能掉以轻心。

第四章

茶艺用品概述

第一节　茶　　叶

根据国家茶艺师职业技能标准要求，作为茶艺师要了解茶叶分类、品种、名称、基本特征等基础知识；能识别六大茶类中的中国主要名茶；能识别新茶、陈茶；能根据茶样初步区分茶叶品质和等级高低。

一、绿茶

绿茶是基本茶类之一，属“不发酵茶”。制作过程不经发酵，干茶、汤色、叶底均为绿色，是历史上最早出现的茶类。绿茶按其制作工艺杀青和干燥方式不同，分为蒸青绿茶、炒青绿茶、晒青绿茶、烘青绿茶。

绿茶品质特征：清汤绿叶，汤色清澈明亮，呈淡黄微绿色。滋味讲究鲜醇，绿茶以春茶最好，夏茶最差。

基本制作工艺：鲜叶—杀青—揉捻—干燥。

各地主要绿茶如下。

浙江：西湖龙井、开化龙顶、径山茶、顾渚紫笋、安吉白茶、千岛玉叶等。

江苏：阳羡雪芽、洞庭碧螺春、南山寿眉、太湖翠竹、南京雨花茶等。

安徽：老竹大方、黄山毛峰、六安瓜片、太平猴魁、舒城兰花、屯绿等。

江西：庐山云雾、婺源茗眉、狗牯脑茶、井冈翠绿、婺源毛尖等。

湖北：恩施玉露、采花毛尖等。

湖南：安化松针、古丈毛尖、岳阳洞庭春等。

云南：南糯白毫、云南曲螺、云南玉针、女儿环等。

四川：蒙顶甘露、竹叶青、蒙顶石花、峨眉毛尖、巴山雀舌等。

贵州：都匀毛尖、湄潭翠芽、遵义毛尖等。

河南：信阳毛尖、新林玉露等。

山东：雪青茶、崂山绿茶等。

广东：古劳茶、合箩茶等。

广西：西山茶、桂林毛尖、象棋云雾、南山白毛茶等。

福建：太姥催芽、武夷岩茶、南安石亭绿、天山绿茶等。

海南：白沙绿茶等。

重庆：永川秀芽等。

陕西：紫阳毛尖、午子仙毫、定军茗眉等。

二、红茶

红茶是基本茶类之一，属“全发酵茶”。约在200多年前，福建崇安星村最早开始生产，后其他各省陆续仿效。红茶有小种红茶、工夫红茶和红碎茶三个类别。

红茶的品质特点：红汤红叶，汤色红艳、明亮，香气鲜浓馥郁，滋味醇和甘甜。

基本制作工艺为：鲜叶—萎凋—揉捻—发酵—干燥。

红茶主要品种如下。

小种茶：正山小种、金骏眉等。

工夫茶：祁山红茶、坦洋工夫、政和工夫、九曲红梅、白琳工夫、越红工夫、宜兴红茶、宁红工夫、川红工夫、滇红工夫、英德红茶、日月潭红茶、遵义红茶、湘红工夫、黔红工夫等。

红碎：红碎茶五号等。

三、乌龙茶（青茶）

乌龙茶是基本茶类之一，属“半发酵茶”。主要产于福建、广东、台湾。中国乌龙茶有闽北乌龙、闽南乌龙、广东乌龙和台湾乌龙之分。

1. 闽北乌龙茶

最著名的有产自武夷山的武夷岩茶中的四大名丛：白鸡冠、大红袍、铁罗汉、水金龟。此外，还有肉桂、水仙等。

2. 闽南乌龙茶

闽南是乌龙茶的发源地。铁观音、黄金桂、佛手、毛蟹等产于这一带。

3. 广东乌龙

主要产于广东潮州地区。最著名的凤凰单丛、凤凰水仙。

4. 台湾乌龙

品种较多，有发酵程度最轻的文山包种和南港包种、发酵程度中度偏轻的冻顶乌龙和金萱乌龙，以及发酵程度最重的白毫乌龙。

乌龙茶品质特点：色泽青褐，汤色黄亮，滋味醇厚，具有浓郁的花香，叶底边缘呈红褐色，中间部分呈淡绿色，形成特有的“绿叶红镶边”。

基本制作工艺为：鲜叶—萎凋—做青—炒青—揉捻—包揉—干燥。

做青在滚筒式摇青机中进行，目的是使叶子边缘互相摩擦，使叶组织破裂，促进茶多酚氧化，形成乌龙茶特有的绿叶红镶边，同时蒸发水分，加速内含物生化变化，提高茶香。

干燥的目的是终止酶促氧化，散失水分，散发青草气，提高和发展香气。

知识拓展

台湾茶

台湾的地理、气候及环境非常适合茶树生长，是世界有名的产茶区。台湾现有茶园约1.2万公顷（2018），分布在台北、桃园、新竹、苗栗、台中市、南投、云林、嘉义、高雄、台东、花莲及宜兰等县市，年生产量约1.5万吨。台湾可产制绿茶、包种茶、乌龙茶及红茶等，但近年来以产制包种茶及乌龙茶为主，且闻名全球。由于各茶区的气候、土壤、海拔等自然环境不同，所产制的茶叶品质、香气、滋味、喉韵各有不同，形成台湾各茶区的特色茶风味均有不同。

1. 北部地区

1）新北市茶区（图4-1）

新北市茶园面约750公顷，主要分布于坪林、石碇、新店、三峡、林口、三芝、石门、淡水等区。该市各种名茶的制造方法，除沿用祖国大陆传统的制造技术外，近年来经由政府及农会等有关单位积极辅导农民改善茶叶栽培产制技术，使新北市成为可生产多种具有特殊风味名茶的县市。

（1）文山包种茶。

文山茶园包括新北的新店、坪林、石碇、深坑、汐止、平溪等茶区，约610公顷。文山包种茶的茶叶外观翠绿、条索紧结且自然弯曲，冲泡后茶汤水色蜜绿鲜活、香气扑鼻、滋味甘醇、入口生津，是茶中极品。

图4-1　新北市茶区坪林茶园

（2）海山茶。

三峡茶区所生产的茶叶命名为海山茶，事实上海山茶包括三峡茶区当地生产的包种茶、龙井茶及碧螺春茶等。三峡茶区位于新北市西南方，连接文山茶区，与新店、土城、树林、莺歌及桃园市大溪镇相毗邻。此茶区所生产的海山龙井茶及海山碧螺春茶，是台湾独一无二的不发酵茶类，滋味清新爽口，香气清纯自然。

（3）石门铁观音。

新北石门区位于台湾北部滨海地区，由于海岸台地的背侧不受海风直接吹袭，气温凉爽，适合茶树生长，因此自福建省引进四大名种之一硬枝红心品种来此种植。后来当地农会配合茶业改良场等有关单位辅导农民将采摘下来的茶菁制成铁观音茶。其醇厚甘润，带有果酸的香味，因风味特殊而驰名。

2）台北市茶区

（1）木栅铁观音茶。

种植于木栅山区的铁观音，清末民初由木栅农民张道妙兄弟前往福建安溪引进纯种茶苗，在木栅樟湖山上（今指南里）种植，因这一带土质及气候非常适合铁观音品种的生长，且品质优异，深受消费者喜爱，因此种植面积逐年增加，现今木栅茶园约30公顷，年产20吨，并设观光茶园示范农户约数十家。

台北市政府在木栅观光茶园中设立台北市铁观音、包种茶展示中心，展示中心陈列各种传统及现代采茶制茶用具，并设有幽静的品茗雅室，值得休闲观光。

（2）南港包种茶。

南港茶区与新北市汐止及石碇的茶区相邻，海拔200~300米，茶区景色优美，周围有不少旅游景点，如南港公园及光明寺等，亦可经由南深路与深坑连接，顺道品尝深坑豆腐，进而与木栅动物园的旅游线结合。

台北市政府辅导南港区农会，在南港包种茶产区中心设立茶叶制造示范场，配合当地的观光茶园，寄希望于提高南港包种茶知名度与销售量，促使南港地方更加繁荣，并可提供台北市民休闲游憩场所。

3）桃园市茶区

（1）龙泉茶。

龙泉茶是龙潭区的特产，“龙泉飘香”就是它的金字招牌。近年来当地区公所、农会配合有关单位，大力推广改进茶叶产制技术，并将乡内茶园规划成颇具特色及规模的观光茶园。若到龙潭观光，除了享受原始自然的茶园风光、啜饮一口芬芳甘醇的龙泉茶外，周围尚有不少旅游景点，如小人国、六福村动物园、石门水库等，是周休二日观光休憩的好去处。

（2）武岭茶、梅台茶。

武岭茶产于大溪镇山区丘陵地带，梅台茶产于复兴乡山区及石门水库上游一带，两个茶区互相毗邻，由于茶区风景优美，为层层山峦环抱，所以朝雾浓重，气温适中，土质肥沃，所生产的茶叶香气芬芳、滋味甘醇。

（3）芦峰乌龙茶。

芦峰乌龙茶产于芦竹乡丘陵山区一带，当地茶农对经营茶业非常认真，并组织茶叶产销经营班实施茶叶分级包装，以提升当地茶叶的品质。

（4）桃映红茶。

桃映红茶是桃园市积极推广的小种红茶，已有名气。

4）新竹县茶区（图4-2）

椪风茶是新竹三大名茶之一，主要产于峨眉乡、北埔乡、横山乡与竹东镇等一带茶区。该地因天然环境特殊，饱受山川水气的熏陶孕育，茶叶品质特殊，尤其每年农历端午节前后，茶被小绿叶蝉吸食后长成的茶芽，经手工采摘一芯二叶后，再以传统技术精制而成高级乌龙茶。其茶叶外观白毫肥大，叶身呈白、绿、黄、红、褐五色相间，鲜艳可爱，因其质优量少，且风味独特，故价格较其他茶叶高出甚多，深受品茗人士喜好，于是冠以椪风茶的雅号。

相传百余年前，椪风茶曾由英国商人呈献给英国女皇品尝，女皇对其绝妙的香味，惊叹不已，且其外观鲜艳可爱，宛如绝色佳人，又因产于中国台湾，故赐名为东方美人。

图 4-2 新竹县峨眉乡茶园

5）苗栗县茶区

苗栗茶园面积约 300 公顷，主要分布于铜锣、头屋、三义、头份、狮潭、三湾、苗栗、造桥、公馆及大湖等乡镇的浅山坡丘陵地带。苗栗所产制的茶叶包括红茶、绿茶、包种茶及乌龙茶等。近 20 年来，由于外销的红茶、绿茶不景气，产量逐渐减少，而改制供内销的茶叶，包括头屋、头份一带的明德茶及福寿茶（俗称椪风茶），还有狮潭乡的仙山茶、造桥乡的龙凤茶、大湖乡的岩茶等。

苗栗县为简化该县所生产茶叶的各种名称，便于推广促销，将原苗栗县所生产的明德茶、仙山茶、龙凤茶、岩茶等同类型的茶，统一称为苗栗乌龙茶。另外将头屋、头份、三湾一带所生产的福寿、白毫乌龙茶、东方美人茶等同型茶类，统一称为苗栗椪风茶，现已改称为苗栗东方美人茶。

椪风茶在栽种过程中完全不施化学肥料及农药，以利茶小绿叶蝉附着吸吮，使茶叶自然变质而产生奇特风味。

2. 中部地区

1）南投县茶区

南投县位于台湾中部，地形以盆地、台地、丘陵地及山地为主，其气候虽然温暖，但随海拔变化而变化极大，各地年平均温度介于 15 至 24℃之间，非常适合茶树生长。

南投县茶园面积约 6 500 公顷，占台湾地区茶园面积的 50% 左右，主要分布于名间乡、鹿谷、竹山镇、仁爱乡、信义乡、鱼池乡、南投市，全县 13 个乡镇几乎都生产茶。各乡镇由于地理环境及海拔气候不同，所生产的茶叶也各具特色，而又因采茶方式不同，可分为手采茶区及机械采茶区两大类。手采茶区包括最著名的鹿谷乡冻顶乌龙茶，竹山镇杉林溪高山茶、仁爱乡庐山茶及信义乡和水里乡的玉山乌龙茶等；机械采茶区主要包括名间乡的松柏长青茶及南投市的青山茶。

除了冻顶乌龙茶，南投县日月潭一带的红茶亦颇负盛名，曾在伦敦茶叶拍卖场获得极高评价，开启了鱼池乡种植大叶种阿萨姆茶树的历史。

（1）玉山乌龙茶。

玉山乌龙茶生产地区包括信义乡及水里乡的新兴茶区，茶园面积约 200 公顷，属于高海拔茶区，其生长环境的气温较低，一年可采收4次，以人工手采为主，制成的茶叶外形紧结身骨重，冲泡后茶汤呈清澈蜜绿色，香气幽雅，滋味浓厚甘醇，即使是夏茶亦不带苦涩味，为高海拔玉山乌龙茶的特色。

南投县水里乡是新中横公路的起点，为邻近山区的山产集散地，更是前往东埔、玉山必经之地，风景秀丽，游客络绎不绝。尤其在水里乡郡安区，成立了上安茶叶产销班，并自创品牌胜峰名茶，贯彻产销一元化，提升品质与信誉。

（2）冻顶乌龙茶。

冻顶茶一般称为冻顶乌龙茶，其产地在南投县鹿谷乡茶区，栽培面积达1 300公顷，主要品种为青心乌龙。

据传南投县鹿谷乡人士林凤池，于清朝咸丰五年（1855）赴福建省考中举人返乡，从武夷山带回36株青心乌龙茶苗，据说其中12株种植于鹿谷乡麒麟潭边的山麓上，是冻顶茶的开端。经过百余年的发展，冻顶茶已发展成家喻户晓、驰名中外的台湾特产。

冻顶茶属于部分发酵青茶类，为介于包种茶与乌龙茶之间的一种轻发酵茶，发酵程度在15%至25%之间；在制茶过程中，团揉是制造冻顶茶独特的中国功夫技艺，非亲临现场观摩，难以用笔墨形容，好的冻顶茶的茶叶形状条索聚结整齐，叶片卷曲呈虾球状，茶汤水色呈金黄且澄清明亮，香气清香扑鼻，茶汤入口生津，落喉甘润，韵味强且经久耐泡。

（3）梨山茶。

梨山茶也是台湾的高山名茶，跨越台中市与南投县。梨山地处台湾南投县最北端，与台中市及花莲县交接，高山气候特别显著，制作出的茶叶极少有因萎凋不足所带来的生涩与臭青味，这也就形成了梨山茶备受欢迎的主因。在福寿山农场、翠峰、翠峦、武陵、天府、松茂、红香、大雪山、八仙山等各产地所产的梨山茶皆有其特色，其中以福寿山农场、武陵农场、翠峰最具代表性。

而福寿山农场位于梨山地区，20世纪70年代中期，福寿山农场开始在梨山地区种植茶，并逐次扩散。该地区海拔约2 000米，土质结构为砾质土壤及页岩地形，产期为5月底至10月上旬，年收2至3季。常年处于低温环境，茶叶成长缓慢且常受白雪洗礼，茶汤鲜美，清甜滑口，是孕育茶树的优质环境。

梨山是全台湾海拔最高的高山茶产区，其海拔高度达2 600米。一般称梨山茶者，至少种在海拔2 000米以上，翠峦、翠峰、华岗、新旧佳阳一线的茶，都称为梨山茶。梨山地区海拔高，昼夜温差大，春夏之交，整天云雾笼罩，是孕育茶树的最佳环境。

梨山茶芽叶柔软，叶肉厚，果胶质含量高，香气淡雅，茶水色蜜绿微黄，滋味甘醇，滑软，耐冲泡，茶汤冷后更能凝聚香甜。每年产期：春茶五月下旬、六月上旬；秋茶八月上旬、冬茶十月下旬为最佳时期。一年才采收两到三次，所以叶面大而肥厚，其茶水柔软，回甘后劲强。同时因这一带常年云雾笼罩，温度寒冷又冬季下雪之故，生长期长，造就茶叶叶肉肥厚，口味甘醇，冷矿味特别重，味道带有水果香。

2）台中市茶区

台中市的梨山茶产区在和平区，面积约465公顷。

3）云林县茶区

云林县茶园面积约400公顷，其中林内乡有10公顷，古坑乡占365公顷，其他乡镇则仅占零星几公顷。

（1）林内乡的茶区。

林内乡的茶区分布在海拔200~400米的丘陵台地，由于海拔较低，夏季高温多雨，故以种植长势强旺的台茶12号金萱种为主，其次为青心乌龙种。虽然茶区产量较低，但制茶品质优异，属当地高产经济作物，命名为云顶茶。

（2）古坑乡的茶区。

古坑乡的茶区分为两部分，在樟湖、华山云林县一带的茶区，海拔400米左右，以种植优良新品种台茶12号、13号及四季春较多；另一部分茶区则分布在久享盛名的风景区，如海拔1 000~1 200米的草岭、石壁茶区，以种植青心乌龙较多，由于此茶区山林连绵，入夜后云雾迷蒙，因而孕育出甘醇的高山茶风味。

3. 南部地区

1）嘉义县茶区

一般谈到高山茶，就会想到嘉义县梅山、竹崎、番路及阿里山乡等一带山区所生产的茶。

嘉义位于台湾西南部，北回归线经过县境，县内有玉山山脉及中央山脉，群山峻岭，日夜温差大，长年晨间与傍晚云雾弥漫，雨量均匀，土层深厚肥沃，茶树生长旺盛，茶芽发育均匀，叶片肥厚，所制成的茶叶，滋味甘醇浓厚，香气芬芳，带有特殊的“山气”，深受饮茶人士所喜爱。

阿里山茶茶园（图4-3）主要分布于梅山乡山区之太平、龙眼（龙眼林尾）、店仔、樟树湖、碧湖、太兴、瑞里、瑞峰、太和及太兴等村落，茶园面积总数约1 800公顷，海拔900~1 400米。梅山乡龙眼村（海拔约1 200米）更是台湾高山茶的滥觞。而此地种植的茶树，以青心乌龙为主。

图4-3 阿里山茶茶园

在竹崎乡、番路乡及阿里山乡，产茶的村庄大多位于阿里山公路旁，如濑头、隙顶、龙头、光华、石桌、十字路、达邦、里佳及丰山等山地部落。而这些村落所产制的茶品，对外通称阿里山茶，不过也有名为阿里山珠露茶或阿里山玉露茶的茶品出现。尤以阿里山珠露茶最享有盛名，可谓是竹崎乡民的“绿金”，而此茶产于竹崎乡石桌茶区，茶园种植面积约350公顷，分布于海拔1 200~1 400米的高度，种植品种以青心乌龙为主，由于制成的茶叶香气浓郁，滋味甘醇，广受饮茶人士喜爱。

2）高屏茶区

（1）高雄六龟茶。

高雄六龟茶是地道的山城茶，从海拔 200～500 米都可看到村落分散在乡内各山区。定居于此的乡民们，世世代代依山为生，在山区寻找适合种植的农作物，辛勤耕耘以求糊口。

台湾茶道盛行之际，六龟乡新发村地区的农民兴起种茶热潮，在海拔 400 米以下的山坡地开垦种茶，分别种植青心乌龙及金萱茶，当时茶园面积约 100 公顷，因进口茶竞争，茶农转向发展六龟原生山茶，成为茶商的抢手货，供不应求，茶农获利好。

（2）屏东港口茶。

屏东县唯一生产茶叶的地方，在该县最南端的满州乡港口村，因此称为港口茶。

港口茶原先是用自福建引进栽种的武夷茶所制成，但是由于茶树逐年老化，产量偏低，为了改善茶叶品质，提高茶农收益，由当地乡公所等单位辅导茶农改种台茶 12 号等优良新品种，目前该茶区面积只有 2 公顷。

港口茶区位于海拔约 100 米的山坡地，由于南部气候炎热、日照较长及落山风的吹袭，因此所产制的茶叶风味相当特殊，刚喝时会觉得稍带苦味，过后转为甘甜味，这种口味反而适合南部地区爱嚼槟榔、口味偏重的消费群，加上邻近观光胜地鹅銮鼻、佳乐水，也吸引来很多观光客因好奇尝试而逐渐喜爱喝港口茶，于是名气渐开。

港口茶的由来，据传是恒春县令喜欢喝茶，却苦于恒春不产茶，于是自福建安溪带回茶种，分送茶农种植于赤牛岭、罗佛山庄及港口村，如今只剩港口村还有种植。朱振淮为港口茶第一代种植者，至今已传承至第五代。

（3）农林公司内埔茶区。

这是台湾新兴茶区，2018 年有 250 公顷，后增加至 500 公顷，以生产手摇茶原料为主。

4. 东部地区

1）宜兰茶区

（1）玉兰茶。

大同乡玉兰山茶区所生产的茶，品质芬芳，具有玉兰花香，一般茶商及饮茶人士因而称之为玉兰茶。

前省政府农林水保局及宜兰县政府为美化大同玉兰山茶区的景观，加强水土保持工程设施，投资兴建蓄水池，在玉山顶设置景台、泡茶亭及种植各式花草以美化环境。将大同玉兰山茶区规制成“现代农村的示范区”，带动当地观光及卖茶人潮，使玉兰茶的知名度节节升高。

（2）上将茶。

三星乡位于宜兰县西南方，西与台北、新竹、台中县相衔接，南与花莲县为邻。三星乡大多为山区，境内山明水秀、风光明媚，地理与气候环境适合种茶，现有茶园面积 32 公顷，茶叶清香甘醇，耐冲泡。为提高当地茶叶知名度，他们以地名中“三星”所代表的军官官阶“上将”之意，将其命名为“三星上将茶”。

（3）五峰茗茶。

宜兰县礁溪乡的温泉远近驰名，乡境内的旅游风景区也非常多，如五峰瀑布即为著名的观光胜地。在五峰瀑布旁的丘陵山区，种植许多茶树，茶园面积有 10 公顷左右，茶叶品质芳香甘醇。近年来在有关单位的辅导下，成立“茶叶生产专业区共同作业班”，班员为促销该茶区的茶叶，共同决议将这里的茶叶命名为“五峰茗茶”。

(4) 冬山素馨茶。

冬山茶园面积约 80 公顷，在冬山农会辅导下，配合观光休闲农业，推广素馨茶。

2) 花莲县茶区

花莲县主要茶区在瑞穗乡，前以生产天鹤茶闻名，种植茶园面积现约 70 公顷，有茶农十余户，年产茶达 50 吨。近年来积极发展蜜香红茶，已有相当名声，茶农在当地设立舞鹤蜜香红茶故事馆，以吸引游客及行销茶叶。

由于生产天鹤茶的舞鹤台地，位于东海岸纵谷，北回归线正好穿越此地，茶园分布在风景秀丽的秀姑峦溪西边山坡丘陵台地上，入夜后更是云雾缭绕，景致怡人，是环岛旅游路线台 9 号公路必经之地。

当地政府美化农村，规划设立观光茶园，因此造就了天鹤茶产区，经临此地不仅可领略美丽的茶园风光，还可品尝甘醇、香味独特的天鹤茶。

3) 台东县茶区

以鹿野及卑南为主要产区，以前推广福鹿乌龙茶品牌，近年来则朝着有焙火香的乌龙红茶发展，取名红乌龙。已成为台湾的特色茶。

四、黄茶

黄茶是基本茶类之一，属轻发酵茶。主产于浙江、四川、安徽、湖南、广东、湖北等省。黄茶依原料芽叶的嫩度和大小可分为黄大茶、黄小茶和黄芽茶。

黄茶品质特点：黄叶、黄汤、黄叶底，滋味浓醇清爽。

基本制作工艺为：鲜叶—杀青—揉捻—焖黄—干燥。

黄茶主要品种有：蒙顶黄芽、霍山黄芽、莫干黄芽、君山银针、北巷毛尖、沩山毛尖、黄大茶等。

五、白茶

白茶是基本茶类之一，是一种表面满披白色茸毛的轻微发酵茶。产于福建省的福鼎、政和、松溪和建阳等地。白茶因采制原料不同，分为白毫银针、白牡丹和寿眉。

白茶品质特点：茶芽完整，形态自然，白毫不脱，清淡回甘，香气清鲜，毫香显露。

制作工艺为：鲜叶—萎凋—晒干和烘干。

白茶主要品种有：白毫银针、寿眉、贡眉、白牡丹等。

六、黑茶

黑茶属后发酵茶，是中国特有的茶类。生产历史悠久，产于云南、湖南、湖北、四川和广西等地。主要品种有云南普洱茶、湖南黑茶、湖北老青茶、四川边茶、广西六堡茶等。其中云南普洱茶古今中外久负盛名。

黑茶品质特点：外形叶粗梗长，干茶褐色，汤色棕红，香气纯正，滋味醇和，醇厚回甘，陈香馥郁。有解毒、治痢疾、除瘴、降血脂、减肥、抑菌、暖胃、醒酒、助消化等功效。

基本制作工艺为：鲜叶—杀青—揉捻—渥堆—干燥。

主要品种有：云南普洱茶、广西六堡茶、湖南黑毛茶、湖南湘尖茶、湖北老青茶、四川边茶等。

七、再加工茶类

以基本茶类做原料进行再加工以后制成的产品称再加工茶类。主要包括花茶、紧压茶、保健茶、萃取茶、果味茶、含茶饮料等。

主要品种有：福州茉莉花茶、珠兰花茶、玫瑰红茶、玳玳红、台湾桂花乌龙、下关沱紧压茶、普洱紧压茶饼（生）、竹筒紧压香茶、梅花紧压饼茶、黑砖紧压茶、米砖紧压茶、漳平水仙紧压茶、荔枝果味红茶、七子献寿工艺茶、茉莉仙女工艺茶、花开富贵工艺茶、丹桂飘香工艺茶等。

第二节 泡茶、饮茶主要用具

一、主泡器

（一）茶壶

茶壶是用于泡茶的器具。壶由壶盖、壶身、壶底和圈足四部分组成。壶盖有孔、钮、座、盖等细部，壶身有口、延（唇墙）、嘴、流、腹、肩、把（柄、板）等细部。由于壶的把、盖、底、形的细微部分不同，壶的基本形态就有近 200 种，其分类方法如下。

1. 以壶把划分

- 侧提壶。壶把为耳状，在壶嘴的对面。
- 提梁壶。壶把在盖上方为虹状者。
- 飞天壶。壶把在壶身一侧上方为彩带习舞状。
- 握把壶。壶把圆直形与壶身呈 90°状。
- 无把壶。壶把省略，手持壶身头部倒茶。

2. 以壶盖划分

- 压盖壶。盖平压在壶口之上，壶口不外露。
- 嵌盖壶。盖嵌入壶内，盖沿与壶口平。
- 截盖壶。盖与壶身浑然一体，只显截缝。

3. 以壶底划分

- 捺底壶。将壶底心捺成内凹状，不另加足。
- 钉足壶。在壶底上加上三颗外突的足。
- 加底壶。在壶底四周加一圈足。

4. 以有无滤胆划分

- 普通壶。上述的各种茶壶，无滤胆。
- 滤壶。在上述的各种茶壶中，壶口安放一只直桶形的滤胆或滤网，使茶渣与茶汤分开。

5. 形状划分

- 筋纹壶。犹如植物中弧形叶脉状筋纹，在壶的外壁有凹形的纹线，称之为筋，筋与筋之间的壁隆起，有圆润感。

- 几何形壶。以几何图形为造型，如正方形、长方形、菱形、球形、椭圆形、圆柱形、梯形等。
- 仿生壶。指仿各种动、植物造型的壶，如南瓜壶、梅桩壶、松干壶、桃子壶、花瓣形壶等。
- 书画形壶。在制成的壶上，刻出文字诗句或人物、山水、花鸟等。

（二）茶船

它是放茶壶的垫底茶具。既可增加美观，又可防止茶壶烫伤桌面。

- 盘状垫。船沿矮小，整体如盘状，侧平视茶壶形态完全展现出来。
- 碗状垫。船沿高耸，侧平视只见茶壶上半部。
- 夹层状垫。茶船制成双层，上层有许多排水小孔，使冲泡溢出之水流入下层，并有出水口，使夹层中的积聚之水容易倒出。

（三）茶盅

亦称茶海。盛放泡好的茶汤之分茶器具。因为具有均匀茶汤浓度的功能，故亦称公道杯。

- 壶形盅。以茶壶代替用之。
- 无把盅。将壶把省略，为区别于无把壶，常将壶口向外延拉成一翻边，以代替把手提着倒水。
- 简式盅无盖。从盅身拉出一个简单的倒水口，分为有把和无把两种。

（四）小茶杯

它是盛放泡好的茶汤并饮用的器具。

- 翻口杯。杯口向外翻出似喇叭状。
- 敞口杯。杯口大于杯底，也称盏形杯。
- 直口杯。杯口与杯底同大，也称桶形杯。
- 收口杯。杯口小于杯底，也称鼓形杯。
- 把杯。附加把手的茶杯。
- 盖杯。附加盖子的茶杯，有把或无把。

（五）闻香杯

闻香杯用于将泡好的茶汤倒入品茗杯后，闻留在杯底的余香。

（六）杯托

它是放置茶杯的垫底器具。

- 盘形杯托。托沿矮小呈盘状。
- 碗形杯托。托沿高耸，茶杯下部被托包围。
- 高脚形杯托。杯托下有一圆柱脚。
- 圈形杯托。杯托中心留一空洞，洞沿上下有竖边，上固定杯底，下为托足。

（七）盖置

它是放置壶盖、盅盖、杯盖的器物。利用它，既可保持盖子清洁，又可避免沾湿桌面。

- 托垫式盖置形似盘式杯托。
- 支撑式盖置，呈圆柱状，从盖子中心点支撑住盖；或呈筒状，从盖子四周支撑盖子。

（八）茶碗

无手把的用于盛放茶水的器具。

- 圆底茶碗。碗底呈圆形。
- 尖底茶碗。碗底呈圆锥形，常称为茶盏。

（九）盖碗

盖碗由盖、碗、托三个部件组成，为泡饮合用器具，也可单用。

（十）大茶杯

它是泡饮合用器具。多为长筒形，有把或无把，有盖或无盖。

（十一）同心杯

它是一种茶水分离杯，大茶杯中有一只滤胆，用于将茶渣分离出来。

（十二）冲泡盅

用于冲泡茶叶的杯状物，盅口留一缺口为出水口，或杯盖连接一滤网，中轴可以上下提压如活塞状，既可使冲泡的茶汤均匀，又可使茶渣与茶汤分开。

二、茶艺辅助用品

茶艺辅助用品是指泡茶、饮茶时所需的各种器具，以增加美感，方便操作。

1. 桌布

桌布是指铺在桌面并向四周下垂的饰物，由各种纤维织物制成。

2. 泡茶巾

铺于个人泡茶席上的织物或覆盖于洁具、干燥后的壶杯等茶具上的织物。常用棉、丝织物制成。

3. 茶盘

摆置茶具，用以泡茶的基座。用竹、木、金属、陶瓷、石材等材质制成，有规则型、自然型、排水型等多种。

4. 茶巾

用于擦洗、抹拭茶具的棉织物；或用于抹干泡茶、分茶时溅出的水滴；或用于托垫壶底，吸干壶底、杯底之残水。

5. 茶巾盘

放置茶巾的用具。可用竹、木、金属、搪瓷等材质制作。

6. 奉茶盘

盛放茶杯、茶碗、茶具、茶食等的用具。

7. 茶匙

茶匙用来协助茶则将茶叶拨至壶中。

8. 茶则

茶则是指从茶罐中量取茶叶置于茶壶中的一种工具，用竹、木、陶、瓷、锡等材质制成。同时可作观看干茶样和置茶分样用。

9. 茶针

用于疏通壶嘴的工具，由壶嘴伸入壶中阻止壶嘴堵塞，用竹、木等材质制成。

10. 渣匙

从泡茶器具中取出茶渣的用具，常与茶针相连，即一端为茶针，另一端为渣匙，用竹、木等材质制成。

11. 茶筒

盛放茶艺用品的器皿。

12. 茶拂

用于刷除茶荷上所沾茶末之具。

13. 计时器

用于计算泡茶时间的工具，有定时钟和电子秒表，以可计秒的为佳。

14. 茶食盘

用于置放茶食的盘子，用瓷、竹、金属等材质制成。

15. 茶夹

用于夹取品茗杯和闻香杯的用具，用金属、竹、木等材质制成。

16. 餐巾纸

用于垫取茶食、擦手、抹拭杯沿。

17. 消毒柜

用于烘干茶具和消毒灭菌。

三、备水器

1. 净水器

净水器安装在取水管口，应按泡茶用水量和水质要求选择相应的净水器，可配备一只至数只净水器。

2. 贮水缸

利用天然水源或无净水设备时，用于贮放泡茶用水的用具，起澄清和挥发氯气的作用。应特别注意保持贮水缸的清洁。

3. 煮水器

煮水器由烧水壶和热源两部分组成，热源可用电炉、酒精炉、炭炉等。

4. 保温瓶

保温瓶是贮放开水的用具。一般居家使用热水瓶即可，如果去野外郊游或举行茶会，需配备旅行热水瓶，以不锈钢双层胆者为佳。

5. 水方

置于泡茶席上贮放清洁的泡茶用水的器皿。

6. 水注

将水注入煮水器内加热，或将开水注入壶（杯）中，调节冲泡水温的用具。形状近似壶，口较一般壶小，而水流特别细长。

7. 水盂

盛放弃水、茶渣等物的器皿，亦称“渣盂”。

四、备茶器

1. 茶样罐

泡茶时用于盛放茶样的容器，体积较小，装干茶 30~50 g 即可。

2. 贮茶罐（瓶）

贮藏茶叶用，可贮茶 250~500 g。为密封起见，应该使用双层盖或防潮盖，金属或瓷质均可。

3. 茶瓮（箱）

茶瓮是贮茶防潮用具，涂釉陶瓷容器，小口鼓腹，也可用马口铁制成双层箱，下层放干燥剂（通常用生石灰），上层用于贮茶，两层之间用带孔搁板隔开。

五、盛运器

1. 提柜

用于放置泡茶用具及茶样罐的木柜，门为抽屉式，内分格或安放小抽屉，可携带外出泡茶时使用。

2. 都篮

竹编的有盖提篮，放置泡茶用具及茶样罐等，可携带外出泡茶时使用。

3. 提袋

携带泡茶用具及茶样罐、泡茶巾、坐垫等物的多用袋，一般用人造革、帆布等制成，背带式。

4. 包壶巾

用于保护壶、盅、杯等的包装布，以厚实而柔软的织物制成，四角缝有雌雄搭扣。

5. 杯套

用柔软的织物制成，套于杯外。

六、泡茶席

1. 茶车

可以移动的泡茶桌子，不泡茶时可将两侧台面放下，搁架相对关闭，桌身即成一柜，柜内分格，放置必备泡茶器具及用品。

2. 茶桌

用于泡茶的桌子。一般长约 150 cm，宽 60~80 cm。

3. 茶席

用于摆放茶具的平台或地面。

4. 茶凳

泡茶时的坐凳，高低应与茶车或茶桌相配。

5. 坐垫

在炕桌上或地上泡茶时，用于坐、跪的柔软垫物，大小一般为 60 cm×60 cm，或 60 cm×45 cm。为方便携带，可制成折叠式。

七、茶室用品

1. 屏风

用于遮挡非泡茶区域或作装饰用的隔断。

2. 茶挂

挂在墙上营造气氛的书画艺术作品。

3. 花器

用于插花的瓶、篓、篮、盆等物。

第三节　泡茶用水及相关用品

一、泡茶用水

泡茶离不开水，水之于茶，有“水为茶之母”之说。唐代陆羽所著的《茶经》就明确提出水质与茶汤优劣的密切关系，认为“山水上，江水中，井水下”。历代茶人也十分讲究泡茶选水，专门论述泡茶用水的专著就有：唐张又新《煎茶水记》、宋欧阳修《大明水记》、宋叶清臣《述煮茶泉品》、明徐献忠《水品》、明田艺蘅《煮泉小品》、清汤蠹仙《泉谱》等。在这些论水专著中，古人论述了包括选水、试水、净水、养水、贮水等各方面的内容。

净水，指用各种方法处理汲来准备煮茶的水，使之达到洁净、甘洌。有“石洗法”，即用细砂过滤。有“炭选法”，“用大瓮收黄梅雨水、雪水，下置十数枚鹅卵石。将三四寸左右栗炭烧红投入水中，不生跳虫”（明高濂《遵生八笺》）。乾隆皇帝创“水洗法”，“其法以大器储水，刻以分寸，而入他水搅之。搅定，则污浊皆储于下，而上面之水清澈矣。盖他水质重，则下沉，玉泉体轻，故上浮，挹而盛之，不差锱铢”（清陈其元《庸闲斋笔记》卷九）。

养水，是指在贮存泡茶用水时，尽量保持其天然特质，即所谓的“水之灵性”。故容器、环境、取用等多方面都有讲究。明张源《茶录》中谈及贮水，认为关键在于让水吸收天地之灵气，“饮茶，惟贵乎茶鲜水灵”。

古人泡茶选水，十分注重水源，强调用活水，认为天落水与泉水是煮茶首选。即使在今天，我们认为用泉水烹茶最好，这是因为泉水大多出自岩石重叠的山峦，山上植被繁茂，从山岩断层涓涓细流汇集而成的泉水，不但富含二氧化碳和各种对人体有益的微量元素，而且经过砂石过滤，水质清澈晶莹，含氯化物极少。因此，用这种泉水沏茶，总能使茶叶的色、香、味、形得到最大的发挥。古人为了品饮名茶，不辞辛劳，走遍祖国千山万水寻访“甘泉活水”，并以此为乐。我国泉水资源极为丰富，其中比较著名的就有百余处之多。镇江中冷泉、无锡惠山泉、苏州观音泉、杭州虎跑泉和济南趵突泉，号称中国五大名泉。但也并不是所有的泉水都可用来沏茶，如硫黄矿泉水等是不能沏茶的。另外，泉水也不可能随处可得，因此，对大多数茶客来说，只能视条件和可能来选择适宜泡茶之水。

天落水，包括雨、雪、露、霜，被认为是灵水。尤其是雪水，文人逸士们敲冰扫雪用以煮茶，成为千古佳话。至于雨水，因天时不同，情况有别，一般认为，秋雨因天高气爽、空中灰尘少，因此水味“清洌”，是雨水中的上品；梅雨因天气沉闷，阴雨连绵，会使水味逊色；夏天雷雨较多，时有飞沙走石，会使水质不净，水“走味”。但无论是雪水还是雨水，只要不是在工业区等空气被污染的情况下，与江、湖、河水相比，它总是洁净的，不失为沏茶的上等水品。

江、湖、河水属于地面水，通常含杂质较多，混浊度较高，用来沏茶难以取得好的效果。但在远离人烟的地方，污染物少，江、湖、河水仍不失为沏茶好水。陆羽在《茶经》中说的“其江水，取去人远者”，就是这个意思。唐代白居易在诗中说：“蜀茶寄到但惊新，渭水煎来始觉珍。”他认为用渭河水煎茶就很好。李群玉说：“吴瓯湘水绿花新”，则认为用湘江水煎茶也不差。明代许次纾在《茶疏》中说：“黄河之水，来自天上。浊者土色，澄之即净，香味自觉。”认为即使是混浊的黄河水，只要加以澄清处理，也能使茶汤香高味醇。

井水属地下水，悬浮物含量较少，透明度较高。但它又多为浅层地下水，特别是城市井水，易受污染危害，若用来沏茶，有损茶味。不过，若能取得清洁的活水井的水沏茶，仍可获得一杯佳茗。明代陆树声在《煎茶七类》中“井，取多汲者，汲多则水活”，说的就是用活井水沏茶。其实，只要是远离污染源的井水，用来沏茶都是可以的。明代焦竑的《玉堂丛语》以及清代窦光鼐、朱筠的《日下旧闻考》中提到的京城文华殿东庖井，水质清明甘洌，曾是明、清两代皇宫的饮用水源。

城市中的自来水大多含有较多的用来消毒的氯气，有些在自来水管中滞留较久的水还会有较多的铁质，用这种水沏茶会严重地损害茶的香味和色泽。当水中的铁离子含量超过万分之五时，就会使茶汤变成褐色；而氯化物与茶中的多酚类化合物发生作用，会使茶汤表面形成一层“锈油”，喝起来有一种苦涩味。因此，用自来水沏茶，最好事先经过处理。方法是先将自来水盛在容器中存放几天，待氯气等散发后再煮沸沏茶；或者是采用净水器，将水净化、矿化。

此外，天然水可分硬水和软水两种。硬水是指每千克水中钙、镁离子含量超过 8 mg 的水；软水则不到 8 mg。用硬水泡茶，如果水的硬度太高，茶汤颜色会变暗，使茶失其本味；轻则毫无甘爽之味，重则又苦又涩，完全不能饮用，所以硬水不宜用来泡茶。大多数硬水中的钙、镁成分，在经过高温煮沸之后，能够分解沉淀，在容器内壁上形成水垢。水中的钙、镁离子大量减少，硬水也就变成了软水。这种硬水为暂时性硬水，大自然中的硬水大多数为暂时性硬水，因此只要将水煮沸，仍能用来泡茶。

软水是理想的泡茶用水，用这种水来泡茶，茶汤清澈明亮，香气高爽馥郁，滋味醇正甘洌。但是大自然中的软水只有雨水、露水、雪水等此类天然落水。这种水本来就不多，再加上由于工业的发展，大气污染程度日益严重，天落水也难得干净、纯洁如以前了，例如酸雨等情况。当然，蒸馏水也是软水，但收集获取十分不易，因而也不普遍。所以，人们日常生活普遍使用的沏茶用水还是硬水，如江水、河水、湖水、泉水、井水、溪水等。

二、冲泡用茶与相关用品

冲泡用茶要用干燥、洁净的盛装器储备，容积不宜过大，这样茶香不易散发。取茶的茶匙要放在茶匙筒内，保持干爽，应经常取出察看，进行清洁。

此外，泡茶用的茶船、茶壶、茶杯等器具使用完毕后要及时清洗，放置在泡茶桌上风干。泡茶之前，还要再次冲洗。

煮水用的电茶壶用过之后要拔去插头，妥善保管，不宜受潮。

三、茶艺师用品

茶艺师除了要具备高超的泡茶技能外，还要注重自身的仪态。茶艺师的服饰应整齐，统一的制服是茶艺师用品必不可少的内容之一。茶艺师用品中包括清洁用品。茶艺师在泡茶之前应使用必要的清洁用品，如肥皂、洗手液等清洗双手。

茶艺师用品中还包括一些必要的美容用品，如粉底、唇膏、眉笔等。

第五章

茶艺基本手法

一、茶巾折取用法

（一）茶巾的折法

1. 长方形（八层式）

用于杯（盖碗）泡法时，以此法折叠茶巾呈长方形放茶巾盘内。以横折为例，将正方形的茶巾平铺桌面，将茶巾上下对应横折至中心线处，接着将左右两端竖折至中心线，最后将茶巾竖着对折即可。将折好的茶巾放在茶盘内，折口朝内。

2. 正方形（九层式）

用于壶泡法时，不用茶巾盘。以横折法为例，将正方形的茶巾平铺桌面，将下端向上平折至茶巾 2/3 处，接着将茶巾对折，然后将茶巾右端向左竖折至 2/3 处，最后对折即成正方形。将折好的茶巾放茶盘中，折口朝内。

（二）茶巾的取用法

双手平伸，掌心向下，张开虎口，手指斜搭在茶巾两侧，拇指与另四指夹拿茶巾；两手夹拿茶巾后同时向外侧转腕，使原来手背向上转腕为手心向上，顺势将茶巾斜放在左手掌呈托拿状，右手握住随手泡壶把并将壶底托在左手的茶巾上，以防冲泡过程中出现滴洒。

二、持壶法

（一）侧提壶

1. 大型侧提壶法

右手拇指压壶把，方向与壶嘴同向，食、中指握壶把，左手食指、中指按住盖纽或盖；双手同时用力提壶。

2. 中型侧提壶法

右手食指、中指握住壶把，大拇指按住壶盖一侧提壶。

3. 小型侧提壶法

食指压控壶盖，拇指、中指捏控壶把，无名指顶把外侧，倒茶时以腕部运动，肘部保持静止。

（二）飞天壶

四指并拢握住提壶把，拇指向下压壶盖顶，以防壶盖脱落。

（三）握把壶

右手大拇指按住盖纽或盖侧，其余四指握壶把提壶。

（四）提梁壶

握壶上梁，拇指在上，四指并拢握下。

（五）无把壶

右手虎口分开，平稳握住壶口两侧外壁（食指亦可抵住盖纽）提壶。

具体操作见图 5-1 至图 5-3。

图 5-1　侧提壶　握把壶　提梁壶

图 5-2　侧提小壶操作示范

图 5-3　侧提壶操作示范

三、茶海的操作手法

茶海又称茶盅、公道杯。拿取茶海通常有两种方法。

（一）无盖后提海

拿取时，右手拇指、食指抓住壶提的上方，中指顶住壶提的中侧，其余二指并拢（图 5-4）。

（二）加盖无提海

右手食指轻按盖纽，拇指在流的左侧，剩下三指在流的右侧，呈三角鼎立之势。

图 5-4　茶海的操作示范

四、茶则的操作手法

用右手拿取茶则柄部中央位置，盛取茶叶；拿取茶则时，手不能触及茶则上端盛取茶叶的部位；用后放回时动作要轻（图 5-5）。

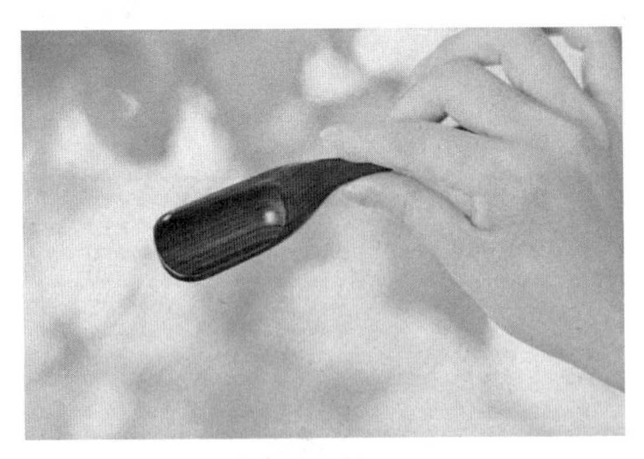

图 5-5　茶则操作示范

五、茶匙的操作手法

用右手拿取茶匙柄部中央位置，将茶则中茶拨至壶中；拿取茶匙时，手不能触及茶匙上端；用后用茶拂刷除茶则上所沾茶末子，然后放回原位。（图 5-6）。

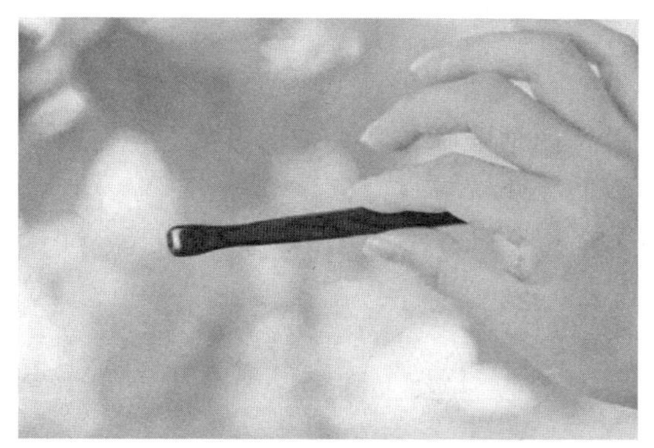

图 5-6　茶匙操作示范

六、茶夹的操作手法

用右手拿取茶夹的中央位置，夹取茶杯后在茶巾上擦拭水痕；拿取茶夹时手不能触及茶夹的上部；夹取茶具时，用力适中，既要防止茶具滑落、摔碎，又要防止用力过大毁坏茶具；收茶夹时，用茶巾擦去茶夹上的手迹（图 5-7）。

图 5-7　茶夹操作示范

七、茶漏的操作手法

用右手拿取茶漏的外侧放于茶壶壶口；手勿触茶漏内侧；用后放回固定位置（茶漏在静止状态时放于茶夹上备用）（图 5-8）。

图 5-8　茶漏操作示范

八、茶针的操作手法

右手拿取针柄部，用针部疏通壶嘴，刮去茶汤浮沫；拿取时手不能触及茶针的针部位置；用后用茶巾擦拭干净放回原处。

拇指与中指、食指、无名指对持茶针，避免触及茶针前部（图5-9）。

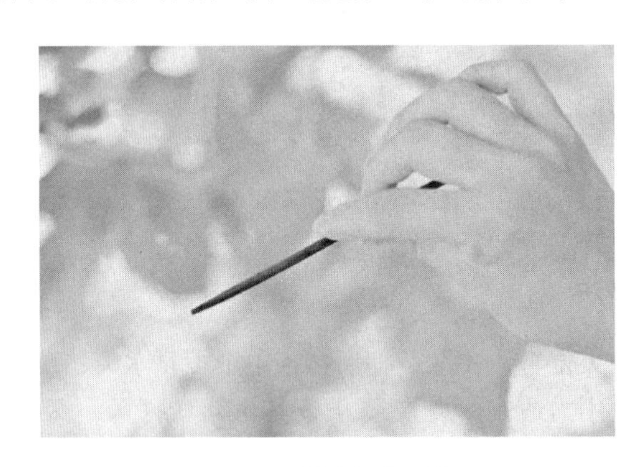

图5-9 茶针操作示范

九、茶叶罐的操作手法

用左手拿取茶叶罐，双手拿住茶叶罐下部，两手大拇指和食指同时用力将罐盖上推，打开后，将罐盖交于右手放于桌上，左手拿罐，右手用茶则盛取茶叶；将茶叶罐上印有图案及文字的一面朝向客人；拿取时手勿触及茶叶罐内侧。

十、温（洁）壶法

（一）开盖

单手大拇指、食指与中指拈壶盖的壶纽而提壶盖，提腕依半圆形轨迹将其放入茶壶左侧的盖置（或茶盘）中。

（二）注汤

单手或双手提水壶，按逆时针方向回转手腕一圈低斟，使水流沿圆形的茶壶口冲入；然后提腕令开水壶中的水高冲入茶壶；待注水量为碗总容量的1/2时复压腕低斟，回转手腕一圈令壶流上扬，使水壶及时断水。

（三）加盖

用右手完成，与开盖顺序颠倒即可。

（四）荡壶

取茶巾置左手上，右手将茶壶放在左手茶巾上，双手协调向逆时针方向转动手腕，外倾壶身令壶身内部充分接触开水，将冷气涤荡无存。

（五）弃水

根据茶壶的样式以正确手法提壶将水倒入水盂。

十一、温（洁）盖碗法

（一）开盖

单手用食指按住盖纽中心下凹处，大拇指和中指扣住盖沿两侧提盖，同时向内转动手腕（左手顺时针，右手逆时针）回转一圈，并依抛物线轨迹将碗盖斜搭在碗托一侧。

（二）注水

单手或双手提随手泡，按逆时针（或顺时针）方向回转手腕一圈低斟，使水流沿碗口注入；然后提腕高冲；待注水量为碗总容量的1/3时复压腕低斟，回转手腕一圈并令壶流上扬，使水壶及时断水，然后轻轻将随手泡放回原处。

（三）复盖

单手依开盖动作逆向复盖。

（四）荡碗

右手虎口分开，大拇指与中指搭在碗外两侧靠上部位置，食指屈伸抵住碗盖盖纽下凹处；左手托住碗底端起盖碗，右手按逆时针方向转动手腕，双手协调令盖碗内各部位充分接触热水后，放回茶盘。

（五）弃水

右手提盖纽将碗盖靠右侧斜盖，即在盖碗左侧留一小隙；依前法端起盖碗平移于水盂上方，向左侧翻手腕，水即从盖碗左侧小隙中流进水盂（图5-10）。

图5-10　盖碗操作示范

十二、温（洁）杯法

（一）品茗杯（或闻香杯）

翻杯时即将茶杯相连排成一字或圆圈，右手提随手泡，用往返斟水法或循环斟水法向各杯内注入开水至满，将随手泡复位；左手持茶夹，按从左向右的次序，从左侧杯壁夹持品茗杯，侧放入紧邻的右侧品茗杯中（杯口朝右）。用茶夹转动品茗杯一圈，沥尽水，归原位，直到最后一只茶杯。最后一只杯子不再滚洗，直接回转手腕将热水倒入茶盘（茶船）即可（图 5-11）。

另外一种方法：将杯子置入高缘的茶盘内，将茶盘内倒入热水浸杯，用茶夹转动杯子使其在热水中旋转数圈。等到要分茶入杯时，用茶夹夹住杯壁取出杯子。

图 5-11 品茗杯操作示范

（二）大茶杯

单提随手泡，顺时针或逆时针转动手腕，令水流沿茶杯内壁冲入约总量的 1/3 后右手提腕断水；逐杯注水完毕后将随手泡复位。左手托杯身，右手拿杯底，杯口朝左，旋转杯身，使开水与茶杯各部分充分接触，在旋转中将杯中水倒入茶船或者茶盘，放下茶杯。

十三、温（洁）茶海及滤网法

用开壶盖法揭开茶海的盖（无盖者省略），将滤网置放在茶海内，注入开水，其余动作同温壶法。

十四、翻杯法

（一）无柄杯

右手虎口向下、手背向左（即反手）握面前茶杯的左侧基部或杯身，左手位于右手手腕下方，用大拇指和虎口部位轻托在茶杯的右侧基部或杯身；双手同时翻杯，双手相对捧住茶杯，轻轻放下。对于很小的茶杯如乌龙茶泡法中的品茗杯、闻香杯，可用单手动作左右手同时翻杯，即手心向下，用拇指与食指、中指三指扣住茶杯外壁，向内转动手腕使杯口朝上，然后轻轻将翻好的茶杯置于茶盘上。

（二）有柄杯

右手虎口向下、手背向左（即反手），食指插入杯柄环中，用大拇指与食指、中指三指捏住杯柄，左手背朝上用大拇指、食指与中指轻扶茶杯右侧基部：双手同时向内转动手腕，将翻好的茶杯轻轻置于杯托或茶盘上。

十五、取茶置茶法

（一）开闭茶罐盖

对于套盖式茶样罐而言，双手捧住茶样罐，两手大拇指、食指同时用力向上推盖。当其松动后，进而左手持罐，右手开盖。右手虎口分开，用大拇指与食指、中指捏住盖外壁，转动手腕取下后按抛物线轨迹移放到茶盘中或茶桌上。取茶完毕仍以抛物线轨迹取盖扣回茶样罐，用两手食指向下用力压紧盖好后放回（图 5–12）。

图 5–12　开茶罐盖操作示范

（二）取茶样

1. 茶荷、茶匙法

左手横握已开盖的茶样罐，开口向右移至茶荷上方；右手以大拇指、食指及中指三指手背向下捏茶匙，伸进茶样罐中将茶叶轻轻拨进茶荷内，称为“拨茶入荷”；目测估计茶样量，足够后右手将茶匙放回茶道组中；依前法取盖压紧盖好，放下茶样罐。待赏茶完毕后，右手重取茶匙，从左手托起的茶荷中将茶叶分别拨进冲泡具中。此法适用于弯曲、粗松茶叶，它们容易纠结在一起，不容易从茶样罐中将它们倒出来。如冲泡名优绿茶时常用此法取茶样（图 5–13）。

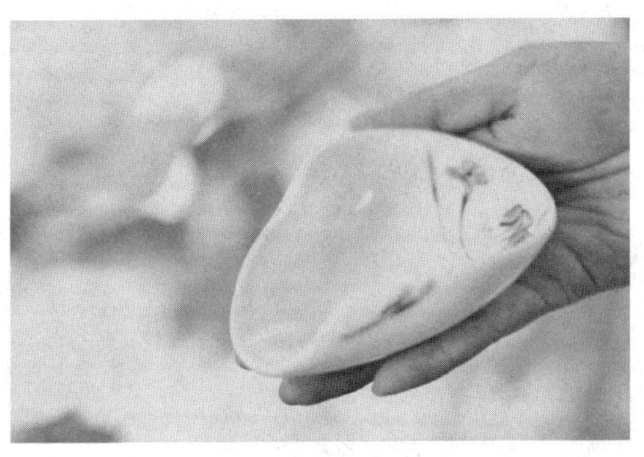

图 5–13　茶荷操作示范

2. 茶则法

左手横握已开盖的茶样罐，右手大拇指、食指、中指和无名指四指捏住茶则柄，从茶道组中取出茶则；将茶则插入茶样罐，手腕向内旋转舀取茶样；左手配合向外旋转手腕令茶叶疏松易取；用茶则舀出的茶叶待赏茶完毕后直接投入冲泡器；然后将茶则复位；再将茶样罐盖好复位。此法适合舀取各种类型茶叶。

第六章

实用茶艺

第一节　行茶基本程序

一、投茶

1. 上投法

先斟水，后投茶。适用于卷曲、重实、细嫩的茶叶。

2. 中投法

先斟 1/3 杯水，再投茶，然后再冲水。适用于较易下沉的茶叶。

3. 下投法

先投茶，后斟水。适用于扁平易浮的茶叶。

二、冲泡

冲泡时的动作要领是：头正身直、目不斜视；双肩齐平、抬臂沉肘。（一般用右手冲泡，则左手半握拳自然放在桌上）

（一）单手回旋注水法

单手提水壶，用手腕逆时针或顺时针回旋，令水流沿茶壶口（茶杯口）内壁冲入茶壶（杯）内。

（二）双手回旋注水法

如果随手泡比较沉，可用此法冲泡。右手提壶，左手垫茶巾托在壶底部；右手手腕逆时针回旋，令水流沿茶壶口（茶杯口）内壁冲入茶壶（杯）内。

（三）回旋高冲低斟法

乌龙茶冲泡时常用此法。先用单手回旋注水法，单手提随手泡注水，令水流先从茶壶壶肩开始，逆时针绕圈至壶口、壶心，提高水壶令水流在茶壶中心处持续注入，直至七分满时压腕低斟（仍同单手回旋注水法）；注满后提腕，令开水壶壶流上扬断水。

（四）“凤凰三点头”注水法

水壶高冲低斟反复 3 次，寓意为向来宾鞠躬 3 次以示欢迎。高冲低斟是指右手提随手泡靠近茶壶口或杯口注水，再提腕使随手泡提升，此时水流如高山流水，接着仍压腕将随手泡靠近茶壶口或杯口继续注水。如此反复 3 次，注入所需水量后提腕断流收水。

三、斟茶

将每一泡泡好的茶汤依次倒入茶海内，使茶汤在茶海内充分混合，达到一致的浓度，接着便可以持茶海分茶入杯。斟茶时应注意不宜太满，“茶满欺客，酒满心实”，这是中国谚语。俗话说：“茶倒七分满，留下三分是情意。”这既表明了宾主之间的良好感情，又是出于安全的考虑，七分满的茶杯非常好端，不易烫手。

四、奉茶

双手端起茶托，收至自己胸前；从胸前将茶杯端至客人面前，轻轻放下，伸出右掌，手指自然合拢，行伸掌礼，示意“请喝茶”。

奉茶时要注意先后顺序，先长后幼、先客后主。在奉有柄茶杯时，一定要注意茶杯柄的方向是客人的顺手方向，即有利于客人右手拿茶杯的柄。杯子若有方向性，如杯延面画有图案，使用时，不论放在操作台上还是摆在奉茶盘上，杯子正面朝向客人。

五、品茗

（一）盖碗品茗法

右手端住茶托右侧，左手托住茶托底部端起茶碗；右手用拇指、食指、中指捏住盖纽掀开盖，持盖至鼻前闻盖香，再闻茶香。饮用前，右手持盖向外拨漂浮在茶汤中的茶叶 3 次，以观汤色。右手将盖倾斜盖放碗口；双手将碗端至嘴前啜饮。

（二）闻香杯与品茗杯品茗法

1. 闻香杯与品茗杯翻杯技法

左手扶茶托，右手端品茗杯反扣在盛有茶水的闻香杯上（右手食指压住品茗杯底，拇指、中指持杯身）。右手用食指、中指反夹闻香杯，拇指抵在品茗杯上（手心向上）；内旋右手手腕，手心向下，将闻香杯倒置，使闻香杯倒扣在品茗杯上，然后双手将品茗杯连同闻香杯一起放在茶托右侧。

2. 闻香与品茗手法

左手扶住品茗杯，右手旋转闻香杯后提起，使闻香杯中的茶倾入品茗杯，右手提起闻香杯后握于手心，左手斜搭于右手外侧上方闻香，使杯中的香气集中进入鼻孔。

用拇指、中指捏住杯壁，无名指抵住杯底，食指挡于杯上方，男性单手端杯，女性左手手指托住杯底，小口啜饮。

第二节　实用茶艺详解

一、玻璃杯沏泡法

玻璃杯主要适合绿茶、白茶、黄茶和花茶的沏泡。

（一）玻璃杯基本行茶法

玻璃杯行茶的主要步骤如图 6-1 所示。

图 6-1　玻璃杯行茶的主要步骤

1. 备具

长方形茶盘 1 个、无刻花透明玻璃杯（根据品茶人数而定）数只、茶叶罐 1 个、茶荷 1 个、茶道组 1 套、茶巾 1 块、随手泡 1 个。

2. 布具

用右手提茶壶置茶盘外右侧桌面，双手将茶叶罐放至茶盘外左侧桌面，将茶荷及茶道组端至身前桌面左侧，将茶巾叠好放至身前桌面上。

3. 赏茶

从茶道组中取出茶匙，用茶匙从茶叶罐中轻拨，取适量茶叶入茶荷，供客人欣赏干茶外形、色泽及香气。根据需要可用简短的语言介绍一下将要冲泡的茶叶品质特征和文化背景，以引发品茶者的情趣。

因绿茶（尤其是名优绿茶）干茶细嫩易碎，因此从茶叶罐中取茶入荷时，应该用茶匙轻轻拨取，或轻轻转动茶叶罐，将茶叶倒出。禁用茶则盛取，以免折断干茶。

4. 翻杯、温杯

从左至右用双手将事先扣放在茶盘上的玻璃杯逐个翻转过来一字摆开，或呈弧形摆放，依次注入 1/3 杯的开水，然后从左侧开始，右手捏住杯身，左手托杯底，轻轻旋转杯身，将杯中的开水依次弃掉。

当客人面温杯、清洁茶具，既是对客人的礼貌，又可以让玻璃杯预热，避免正式冲泡时炸裂。

5. 置茶

用茶匙将茶荷中的茶叶一一拨入杯中待泡。每 50 ml 容量用茶 1 g。

6. 注水摇香

用回转斟水法将随手泡中适度的开水注入杯中，注入量为茶杯容量的 1/4 左右，水温 80 ℃左右，注意开水不要直接浇在茶叶上，应打在玻璃杯的内壁上，以避免烫坏茶叶。端起玻璃杯回转三圈，摇香后可供宾客闻香。

7. 冲泡

执随手泡以“凤凰三点头”高冲注水，使玻璃杯中的茶叶上下翻滚，有助于茶叶内含物质浸出，茶汤浓度达到上下一致。一般冲水入杯至七八成满为宜。

此步骤若对于绿茶，为了保持茶叶条形的整齐优美，如太平猴魁，则不采用高冲注水，而是采用沿杯壁缓缓注入的方法。

8. 奉茶

右手轻握杯身（注意不要捏杯口），左手托杯底，双手将茶送到客人的面前，放在客人方便拿取的位置。茶放好后，向客人伸出右手，做出“请”的手势，或者说：“请品茶。”

9. 品茶

品茶应先闻茶香，后赏茶观色。欣赏茶汤澄清碧绿、芽叶嫩匀成朵、旗枪交错、上下浮动、栩栩如生的景象，再细细品啜，感受其茶香滋味变化的过程。

10. 收具

把其他用具收入茶盘，收具完备。

（二）玻璃杯龙井茶茶艺表演

1. 备具

玻璃杯 4 只，白瓷壶 1 把，随手泡 1 套，茶叶罐 1 个，茶道组 1 套，茶盘 1 个，茶匙 1 个，香炉 1 个，香 1 支，茶巾 1 条，特级狮峰龙井 12 g。

2. 基本程序

第一道，点香——焚香除妄念。即通过点香来营造一个祥和而肃穆的气氛，并达到驱除妄念、心平气和的目的。

第二道，洗杯——冰心去凡尘。当着各位嘉宾的面，把本来就干净的玻璃杯再烫洗一遍，以示对宾客的尊敬。

第三道，凉汤——玉壶养太和。狮峰龙井茶茶芽极其细嫩，若直接用开水冲泡，会烫熟茶芽造成熟汤而失味，所以要先把开水注入瓷壶中养一会儿，待水温降到 80℃ 左右时再用来冲茶。

第四道，投茶——清宫迎佳人。用茶匙把茶叶拨入玻璃杯中。

第五道，润茶——甘露润莲心。向杯中注入约 1/3 容量的热水，起到润茶的作用。

第六道，冲水——凤凰三点头。冲泡讲究高难度冲水。在冲水时使水壶有节奏地三起三落而水流不断，这种冲水的技法称为凤凰三点头，寓意凤凰再三对宾客们点头致意。

第七道，泡茶——碧玉沉清江。冲水后龙井茶吸收水分，逐渐舒展开来并慢慢沉入杯底，称之为“碧玉沉清江”。

第八道，奉茶——观音捧玉瓶。茶艺服务员向宾客奉茶，意在祝福好人一生平安。

第九道，赏茶——春波展旗枪。杯中的热水如春波荡漾，在热水的浸泡下，龙井茶的茶芽慢慢地舒展开来，尖尖的茶芽如枪，展开的叶片如旗。一芽一叶称之为“旗枪”，一芽两叶称之为“雀舌”，展开的茶芽一簇一簇齐刷刷地立于杯底，在清碧澄净的水中上下浮沉，或左右晃动，栩栩如生，宛如春兰初绽，又似有生命的精灵在舞蹈。

第十道，闻茶——心悟绿茶香。龙井茶有四绝：“色绿、形美、香郁、味醇”，品龙井茶要一看、二闻、三品味。

第十一道，品茶——淡中品至味。品饮龙井茶极有讲究，清代茶人陆次之说：“龙井茶，真者甘香而不洌，啜之淡然，似乎无味，饮过之后，觉有一种太和之气，弥沦于齿颊之间，此无味之味，乃至味也……”此道程序要慢慢啜，细细品，让龙井茶的太和之气沁入肺腑。

第十二道，谢茶——自斟乐无穷。请宾客自斟自酌，通过亲自动手，从茶事活动中去感受修身养性，品味人生的无穷乐趣。

二、盖碗沏泡法

盖碗适合各类茶品的沏泡。

（一）盖碗基本行茶法

盖碗行茶法如图 6-2 所示。

图 6-2　盖碗行茶法

1. 备具

长方形茶盘 1 个、盖碗数只（根据品茶人数而定）、茶叶罐 1 个、茶荷 1 个、茶道组 1 套、茶巾 1 块、随手泡 1 个。

接着布具。取出随手泡放在茶盘外右侧桌面，再分别将茶道组、茶叶罐和茶荷放在茶盘外左侧桌面，将茶巾叠好放于身前桌面上，把盖碗匀称地摆放在茶盘上。

2. 赏茶

从茶道组中取出茶匙，用茶匙从茶叶罐中轻轻拨取适量茶叶放入茶荷，供客人欣赏干茶外形、色泽及香气。

3. 洁具

将盖碗一字摆开，掀开碗盖。从左向右依次取碗，右手将碗盖稍加倾斜地盖在茶碗上，双手持碗身，双手拇指按住盖纽，轻轻旋转茶碗三圈，将洗杯水从盖和碗身之间的缝隙中倒出，然后将碗放回碗托上。右手再次将碗盖掀开，斜放于碗托右侧，其余茶碗按同样的方法进行清洁。洁具的同时达到温热茶具的目的，冲泡时减少茶汤的温度变化。

4. 置茶

左手持茶荷，右手拿茶匙，将干茶依次拨入茶碗中待泡。通常 1 g 嫩绿茶，冲入开水 50~60 ml，一只普通盖碗放入 2~3 g 干茶即可。

5. 冲水

将水温在 80 ℃左右的开水高冲入碗，水柱不要直接落在茶叶上，应落在碗的内壁上，冲水量以七八成满为宜。冲入水后，迅速将碗盖稍加倾斜地盖在茶碗上，使盖沿与碗沿之间有一空隙，避免将碗中的茶叶焖黄泡熟。

6. 奉茶

双手持碗托，礼貌地将茶奉给宾客。

7. 闻香品茗

右手将茶托端交于左手，右手揭开碗盖闻香，持盖向外拨去浮叶观色，双手端至嘴边小口啜饮，慢慢细品。

8. 收具谢茶

将其余器具收拾到盘子中撤回。

（二）盖碗涵养茶艺表演

涵养，是指滋润养育，培养。茶道源于中华文化，它包含了传承、文化和规矩。借由茶道课程，期盼将人文教育落实于人们的生活中，期盼品茶人从中学习待人处世的道理，成为懂得感恩、身心柔和、体态优雅、自爱与爱人的人，以传承中国传统伦理美德。

准备：净手静心。进入茶室前，用清水缓缓注入掌心。清水不但洁净了你的双手，也洗涤了你的内心。一颗纯净的心，会让你平静。

大家好，今天由我来给大家做茶，首先，介绍茶具。茶道组，又称茶道六君子包括：①茶则：用来量取干茶；②茶夹，用来夹取精美的茶具；③茶匙，用来辅助拨取干茶；④茶漏，用来扩大壶口面积，防止干茶外漏；⑤茶针，用来疏通阻塞的壶口；⑥茶筒，用来装茶则、茶匙、茶夹、茶漏、茶针的茶器筒；随手泡，用于随时添加热水；茶荷，用来盛放干茶；茶盘用来盛放盖碗、品茗杯、公道杯、滤网等精美的茶具；茶巾用来擦拭水渍，随时保持茶盘的整洁。下面正式为您做茶。

第一道，洁具，明礼备器。

第二道，赏茶，芳草叙情。

第三道，投茶，落英缤纷。

第四道，冲水，清泓润泽。

第五道，泡茶，芙蓉花开。

第六道，出汤，琼浆玉液。

第七道，分茶，香茗共赏。

第八道，敬茶，佳茗敬客（奉茶时，主泡和副泡微笑致意）。

第九道，闻香，芝兰香满。

第十道，品茗，甘露润喉。

第十一道，回味，宁静致远。

第十二道，谢茶，香茗一盏奉知己，余味悠悠悟人生。

借由茶道做三好公民，口说好话，文明用语十个字：谢谢、对不起、没关系、再见。身行好事：用眼观、用手做、用心想。心发好愿：感恩心、尊重心、爱心。茶道形成人文之美，美在以慈心养慧、以自然为师、以礼仪自律。有心就有福，有愿就有力。希望每一位经过茶道熏陶的人都是面带微笑、心中有爱，兴家强国的人。

做茶完毕，谢谢大家。

三、紫砂壶沏泡法

紫砂壶主要适合乌龙茶、红茶和黑茶等茶品的沏泡。

（一）紫砂壶基本行茶法

紫砂壶行茶法主要动作示范如图 6-3 所示。

图 6-3　紫砂壶行茶法主要动作示范

1. 备具

茶盘 1 个，茶道组 1 套，品茗杯 4 只，闻香杯 4 只，茶垫（托）4 个，公道杯 1 只，紫砂壶 1 把，盖置 1 个，滤网 1 个，茶叶罐 1 个，茶巾 1 块，随手泡 1 套。

2. 布具

将茶道组、茶叶罐分别放在茶盘的右侧，将茶垫放在茶盘的左上角，将品茗杯、闻香杯反扣放至茶盘的右侧摆放整齐，将公道杯、紫砂壶、盖置、滤网放在身前茶盘上，将茶巾叠好放在身前桌面上，将随手泡放在茶盘左侧桌面居中位置。

3. 摆放茶垫

将茶垫摆放在茶盘前方桌面上，注意茶垫上图案或字迹正面朝向客人。

4. 翻杯

将倒扣的闻香杯、品茗杯依次翻转过来一字排开放在茶盘上。

5. 温杯烫盏

先温壶，再温洗公道杯、品茗杯、滤网等。

温杯的目的在于提升杯子的温度，使杯底留有茶的余香，温润泡的茶汤一般不作为饮用。

6. 欣赏茶叶

用茶则盛茶叶，请客人赏茶。

7. 置茶

将茶轻置壶中，茶叶用量为壶容量的1/3~1/2，斟酌茶叶的紧结程度。

8. 温润泡

小壶所用的茶叶，多半是球形的半发酵茶，故先温润泡，将紧结的茶球泡松，可使未来的每泡茶易维持同样的浓淡。将温润泡的茶汤注入公道杯，然后分别注入品茗杯中。

9. 冲水

第一泡茶冲水，用随手泡向壶中冲入沸水，冲水要一气呵成，不可断续，并掌握好泡茶时间。

10. 斟茶

浓淡适度的茶汤斟入公道杯中再分别倒入客人面前的闻香杯中。每位客人杯中皆斟至七分满。

11. 翻杯奉茶

为客人演示，将品茗杯倒扣在闻香杯上翻转过来并置于茶垫上，轻轻旋转将闻香杯提起，闻香、品茗。

（二）乌龙茶茶艺表演

1. 备具

茶盘1个，闻香杯和品茗杯各4只，茶垫4个，紫砂壶1把，随手泡1套，茶叶罐1个，茶道组1套，茶巾1条，安溪铁观音若干。

2. 基本程序

基本程序有二十道。

第一道，恭迎宾客。“大家好，今天由×××来为您做茶。”然后介绍茶具。

第二道，摆放茶垫。茶垫用来放闻香杯和品茗杯。

第三道，孔雀开屏。翻杯，高的是闻香杯，用来嗅闻茶汤的香气；矮的是品茗杯，用来品尝茶汤的味道。

第四道，孟臣温暖。先温壶，再温盅，温滤网。“孟臣”一词取自孟臣制作的“孟臣壶”。

第五道，精品鉴赏。用茶则盛茶叶，请宾客赏茶，今天为您沏泡的是安溪铁观音。

第六道，佳茗入宫。茶至壶中。苏轼曾有诗言“从来佳茗似佳人”。将茶轻置壶中，茶叶用量，为壶容量的1/3~1/2。

第七道，润泽香茗。温润泡，小壶所用的茶叶，多半是球形的半发酵茶，故先温润泡，将紧结的茶球泡松，可使未来的每泡茶汤维持同样的浓淡。

第八道，荷塘飘香。将温润泡的茶汤倒入茶海中，茶海虽小，但茶汤注入则茶香拂面，能去昏昧，清精神，破烦恼。

第九道，旋律高雅。第一泡茶冲水，左手微微提起，缓缓以顺时针方向注水。泡茶要有顺序，动作要高雅，若右手则逆时针斟水，犹如音乐的旋律，画出高雅的弧线，表现出韵律的动感。

第十道，沐淋瓯杯。温杯的目的在于提升杯子的温度，使杯底留有茶的余香，温润泡的茶汤一般不作为饮用。(介绍茶叶)

第十一道，茶熟香温。斟茶，将浓淡适度的茶汤斟入茶海中再分别倒入客人的杯中，可使每位客人杯中的茶汤浓淡均匀。

第十二道，茶海慈航。分茶入杯，中国人说："斟茶七分满，斟酒八分满。"主人斟茶时无论贵富贫贱，每位客人皆斟七分满，倒出的是同一把壶中泡出的浓淡相同的茶汤，如观音普度、众生平等。

第十三道，敬奉香茶。双手端起杯连茶垫一同奉送至客人面前，伸出右手以示"请用茶"。

第十四道，热汤过桥。左手拿起闻香杯，旋转将茶汤倒入品茗杯中。

第十五道，幽谷芬芳。闻香，高口的闻香杯底，如同开满百花的幽谷，随着温度的逐渐降低，散发出不同的芬芳，有高温香、中温香、冷香，值得细细体会。

第十六道，杯中观色。右手端起品茗杯，观赏汤色，好茶的茶汤清澈明亮，从翠绿、蜜绿到金黄，观之令人赏心悦目。

第十七道，听味品趣。品茶，啜下一小口茶。品茶时要专注，眼耳鼻舌身意全方位地投入，茶的真味，茶的清香，给人带来物质层面的满足和精神层面的愉悦。

第十八道，品味再三。一杯茶分三口以上慢慢细品，品字三个口，一小口、一小口慢慢地喝，用心体会茶的美。

第十九道，和敬清寂。静坐回味，品趣无穷，喝完清新破烦恼，进入宁静、愉悦、无忧的心境。

第二十道，谢茶。"做茶完毕，谢谢大家!"

四、瓷壶沏泡法

瓷壶适合各类茶品的沏泡。

(一) 瓷壶基本行茶法

瓷壶行茶法如图 6-4 所示。

1. 备具

长方形茶盘 1 个、瓷质茶壶 1 把、茶杯 4 只、配套杯碟 4 只、茶叶罐 1 个、茶道组 1 套、茶巾 1 块、随手泡 1 套。

2. 布具

将随手泡端放在茶盘右侧桌面，将茶道组端放在茶盘左侧桌面上，将茶叶罐捧至茶盘左侧桌面，将茶巾放至身前桌面上，将瓷壶摆放在茶盘下半部分居中位置，将 4 只茶杯放在茶盘上半部分位置。

3. 翻杯润具

从左至右逐一将反扣的品茗杯翻转过来；再将壶盖放置茶盘上，左手持茶巾，右手提开

图 6-4　瓷壶行茶法

水壶，用初沸之水注入瓷壶及杯中，为壶、杯升温。

4. 置茶

用茶匙从茶叶罐中拨取适量红茶放入壶中。

5. 悬壶高冲

以回转低斟高冲法斟水，使茶充分浸润。

6. 分茶

可用茶壶、盖杯直接匀汤分茶，或用茶盅匀汤分茶，每杯容量一致。第一遍每杯倒二分满，第二遍每杯倒四分满，第三遍每杯倒六分满，第四遍每杯倒七八分满。

7. 奉茶

可采取双手、单手从正面、左侧、右侧奉茶，奉茶后留下茶壶，以备第 2 次冲泡。

8. 收具

将其余器具收到盘中撤回。

（二）瓷壶红茶茶艺表演

1. 备具

瓷壶 1 把，品茗杯 4 只，杯托 4 个，盖置 1 个，随手泡 1 套，茶叶罐 1 个，茶道组 1 套，茶盘 1 个，香 1 支，香炉 1 个，滇红茶适量。

2. 基本程序

基本程序共 11 道。

第一道，焚香净室。品茶之前要清除浊气，清新空气，营造高雅氛围。

第二道，问候宾客。如说："大家好，今天由×××来为您做茶。"

第三道，介绍茶具。紫檀六用（茶道组）、茶垫、茶仓（茶叶罐）、茶盘、品茗杯、盖置、瓷壶、随手泡。

第四道，孔雀开屏。将杯托自左向右一字摆放，翻杯，将品茗杯依次放置在杯托上。

第五道，温壶净杯。先温壶是因为稍后放入茶叶冲泡热水时，不致冷热悬殊。

第六道，鉴赏佳茗。用茶则盛茶叶，请客人赏茶。如说：“今天为大家冲泡的是滇红。”

第七道，明珠入宫。将茶叶拨至壶中，茶叶要根据选用壶具的大小放置，适量均匀。

第八道，悬壶高冲。将随手泡中的开水注入瓷壶中。

第九道，介绍茶叶。将茶叶的名称、产地及特点介绍给客人。

第十道，敬献香茗。此时茶已泡好，茶味最佳。将茶倒至品茗杯中，双手端起杯托送至客人面前，请客人细品香茗。

第十一道，评点江山。对所沏泡的优质红茶品味赞赏。

第十二道，静坐回味。“做茶完毕，谢谢大家!”

五、十二道碗泡法茶艺表演

十二道碗泡法茶艺表演如图 6-5 所示。

洁具——明礼备器

赏茶——色润形美

投茶——落英缤纷

冲水——清泓润泽

泡茶——芙蓉花开

出汤——琼浆玉液

分茶——香茗共赏

敬茶——佳茗敬客

闻香——芝兰香满

品茶——甘露润喉

回味——宁静致远

收具谢茶

图 6-5 十二道碗泡法茶艺表演

（一）备具

钧窑碗1只、分茶匙1个、随手泡1个、钧窑茶罐1个、茶荷1个、茶盘1个、茶巾1条、钧窑水盂1个。

（二）备茶

云南普洱生茶（古树）8 g。

（三）基本程序

十二道碗泡茶法的基本程序有十二道，具体如下。

第一道　洁具——明礼备器。

第二道　赏茶——色润形美。

第三道　投茶——落英缤纷。

第四道　冲水——清泓润泽。

第五道　泡茶——芙蓉花开。

第六道　出汤——琼浆玉液。

第七道　分茶——香茗共赏。

第八道　敬茶——佳茗敬客。

第九道　闻香——芝兰香满。

第十道　品茶——甘露润喉。

第十一道　回味——宁静致远。

第十二道　收具谢茶——香茗一盏奉知己，余味悠悠悟人生。

第七章

茶饮推荐与销售

第一节　茶 饮 推 荐

如何在顾客进入茶艺馆之后，让其满意地喝好一杯茶是茶艺服务人员所要认真考虑的问题。其中茶艺服务人员对茶饮的推荐是第一步。

一、根据顾客状况推荐茶饮

按市场学观点解释，茶叶产品是一种能满足购买者需求与欲望的品饮物。而顾客眼中的茶与销售者眼中只注意产品本身实体的看法是不一样的。顾客认为产品除了实体外，还包括包装、商标、信誉及产品可能带来的其他的有形与无形的利益。如顾客购买了一种名牌茶叶，可满足他一系列的需求与欲望，即可给他带来一系列利益：提神解乏，生津止渴；外形美观，可供观赏；滋味鲜美，值得品尝；招待宾朋，主宾同乐；包装考究，馈赠佳品等。

同时，不是所有的顾客都接受同一种类、牌号、品级、价格的商品茶。有一千个顾客，就有一千种茶的选择。这种选择因地区、收入情况、文化教育水平、传统习惯等因素而异。对于同一个顾客还会因购买的时间（如平时和节假日）及商品茶的包装、品牌等的不同而不同。这就是说顾客对商品茶的选择具有“个性化”，因而商品茶本身应具有“个性化”。产品的“个性化”，就是产品能够适应各个国家和地区各阶层居民的收入水平、风俗习惯和爱好等，适销对路。而茶艺服务人员就应该因人而异地推荐顾客最为需要、最为喜欢的茶饮。

绿茶由于维生素 C 和茶多酚的含量比红茶多，其对抑菌、抗辐射、防血管硬化、降血压的疗效较红茶更好。绿茶还能有效地阻断人体内亚硝胺的形成，因而抗癌作用也优于红茶。花茶一般以绿茶窨花制成，因此具有绿茶的同等功效。红茶强胃、利尿、抗衰老、延年益寿的作用优于绿茶。

少年儿童宜多用茶水漱口，饮茶则宜饮淡茶；处于青春发育期的青年男女活动量大、气血旺盛，以饮绿茶为主，可滋阴生津、清热泻火、宁心安神，而饮红茶则不可太浓；中年人宜交替饮用花、绿茶；老人可饮淡红茶和普洱茶；少女经期前后或处于更年期的女性，因情绪易烦躁不安，饮花茶则有助于疏肝解郁、理气调经；孕妇宜饮淡绿茶，临产前及分娩后的妇女宜饮红茶（如果在茶中适当加入红糖，则效果更佳）；胃部有病者宜饮黑茶、乌龙茶，或在茶中加蜜饮之；肝部患病者宜饮花茶；前列腺炎或肥大者宜饮花茶、红茶；减脂去肥者，则饮乌龙茶和普洱茶为最佳选择；体质阴虚者宜饮绿茶、白茶；阳虚、脾胃虚寒者宜饮黑茶、乌龙茶、花茶；高血压、糖尿病、肺结核患者宜饮绿茶；血管硬化、白细胞减少、血小板过低者宜饮绿茶；肾炎患者宜饮适量红茶糖水；动脉硬化、高胆固醇患者宜饮乌龙茶、普洱茶和白茶；抗菌消炎、收敛止泻宜饮绿茶；防癌抗癌宜饮绿茶。

另外，从事体力劳动者宜饮红茶、乌龙茶；而脑力劳动者宜饮绿茶、茉莉花茶为优；嗜烟酒者宜饮绿茶和普洱茶；喜食油腻肉类食品者宜饮乌龙茶和黑茶；矿工、司机则宜多饮绿茶。

当然，在向顾客推荐茶饮的时候，切不可限于书本知识，只有因人制宜，合理科学饮茶，才能更好地发挥茶叶的保健作用，才能让顾客得到身心与精神的双重享受。

二、根据季节情况推荐茶饮

（一）绿茶的选饮

绿茶的加工特点，是让鲜嫩芽叶经高温杀青后不发酵，鲜叶内所含的成分基本保留。如所含茶多酚类物质、各种维生素及氨基酸、蛋白质等都较红茶为高，尤以维生素 C 的含量最为丰富，其品质温和适中。因此，宜在春秋季饮用，中秋前后，秋高气爽、气候温和，也宜饮用绿茶。

（二）红茶的选饮

红茶适宜于冬春季饮用。红茶味甘苦、性微温、气香。红茶的热性比青茶差，但比绿茶强。红茶的加工特点是，不杀青因而不会破坏茶叶中酶的活性，而以萎凋、发酵来增强酶的活性。虽然在发酵过程中引起鲜叶内质变化，产生了热性物质。但因鲜叶较嫩、含糖量又比青茶少，加之在加工过程中烘焙时间比青茶短，故其热性就较青茶要小。在冬春季寒冷的天气饮用，可适当补充身体热量，温胃散寒，提神暖身，比较适宜。

（三）青茶（乌龙茶）的选饮

青茶宜在冬末春初季节饮用。青茶味微甘、性温、热性强。青茶在加工过程中经反复烘焙，吸收了大量热量，在冲饮后也释放出大量热量，再加之青茶的鲜叶较老，含糖量丰富，也能产生较高的热量。故在寒气逼人的冬末春初季节，最宜饮用暖性的青茶，如武夷肉桂，安溪铁观音等，以增加人体的热量，抵御寒气的侵入。青茶产地的群众，还往往将它作为传统的发汗退热药。

（四）白茶的选饮

白茶适宜于酷暑季节饮用。白茶有其独特的制法，加工时，在气温较低的初春季节，采撷芽叶肥壮的鲜嫩叶梢，摊放于通风阴凉的自然环境中直接晾干，不炒不揉。因为白茶不经烘干而是晾干，性寒，是难得的凉性饮料。

夏日炎炎，酷暑难当，饮一杯汤色杏黄、滋味醇厚鲜爽的白茶，能立即给人以消暑清凉之感，实为最佳的清凉饮料。白茶产地的群众将白茶作为祛湿退热、消炎降肺火之的良药。

（五）黑茶的选饮

黑茶属于后发酵茶。临床实验证实，普洱茶中含有洛伐他汀类物质，有防治高脂血症的功效；临床实验证实，糖尿病患者饮用普洱茶能够有效降低血糖；普洱茶中含有较多的酚酸类物质，抗氧化功效也十分明显。湖南茯砖茶，由于微生物参与后发酵产生特殊的“金花”，煮饮此类茶助消化效果明显。

有些糖尿病病人不敢饮茶，主要担心茶中含有较多的碳水化合物。其实，茶中的碳水化合物绝大部分是不溶于水的多糖类，溶于水的糖分仅占 4%~5%，属于低热量饮料。尤其是茶叶中的茶多酚等可以促进人体的糖代谢，饮茶对糖尿病人来说，不仅无害，而且有治疗作用。国外已有用老树茶（指树龄 30 年以上的茶树）的茶叶泡茶治疗糖尿病的报道。

（六）花茶的选饮

春回大地、万物复苏、百花竞放的春季，宜选用香味浓郁、喝了顺气暖胃的“玳玳花茶”或清雅去湿的“珠兰花茶”；盛夏酷暑，宜选用香气芬芳、喝了解渴生津的“茉莉花茶”或香气馥郁甜美、祛热解暑的“玫瑰花茶”；秋高气爽、气温干燥，则宜选用香气浓烈、喝了止咳祛痰的“白兰花茶”；寒冬到来，北风呼啸，寒气逼人，则宜选用香气清芬怡人、喝了散寒去淤的“桂花茶”。

第二节 销 售

一、销售技巧

在一般情况下，推销工作大都由专人负责。但茶艺人员在服务过程之中进行茶叶推销，往往是成功地实现交易不可缺少的重要手段。因此，茶艺服务人员也有必要掌握一些基本的导购推销知识。成功地进行导购推销，在接近顾客、争取顾客、影响顾客三个方面，必须认真地依礼而行。

（一）接近顾客

不论是何种销售，都必须以接近顾客为起点。如果不能成功地接近顾客，便没有任何成功的机会可言。

接近顾客，通常应当讲究方式，选准时机，注意礼节。

在茶艺销售的服务过程中，要想真正地接近顾客，就要注意方式。

1. 导购的方式

目前主要流行的有两种方式：主动导购和应邀导购。二者适用于不同的情况，具体作用也不尽相同。

（1）主动导购。主动导购是指当茶艺服务人员发现顾客需要导购之时，在征得对方同意的前提之下，主动上前为其进行导购服务。它往往既可以表现出对顾客的尊重之意，又有助于促销。它多用于顾客较稀少之时。

（2）应邀导购。应邀导购是指当顾客前来要求导购时，由服务人员为其所提供的导购服务。它多适用于顾客较多之时，具有针对性强、易于双向沟通等优点。

2. 推销的方式

推销方式大体有以下四种。

（1）现场推销。即在茶叶门市部或茶艺服务的现场，进行推销。它的长处是对象明确，手法灵活，易于调整，并且容易产生轰动效应。但是，它对推销人员有着较高的要求。

（2）上门推销。即由茶艺推销人员专程登门拜访潜在的消费者，向其直接进行商品或服务的推介。其长处主要是不受外界干扰，可以徐徐道来，但也容易遭到婉拒。

（3）电话推销。即由茶艺推销人员利用电话向潜在的消费者进行推销。其长处是节省时间，意明言简。但是，其对象性较差，而且难以及时进行自我调整。

（4）传媒推销。即利用电视、网络、广播、报纸、杂志等大众传播媒介所进行的推销。它的覆盖面广，影响大。但是所需费用较多，受众不好确定，反馈较为困难。

茶艺服务人员对茶叶的推销是以现场推销为主，辅以其他的方式。

（二）选准时机

不论是导购还是推销，接近顾客的具体时机都很有讲究。在进行茶艺导购推销时，假如不注意具体时机的选择，推销人员的主动意图必定难以实现。从总体上来讲，下列四种时机，皆为接近顾客对其适时进行导购推销的最佳时机。

1. 顾客产生兴趣之时

当顾客对某一茶叶或茶艺服务产生兴趣时，对其进行导购推销往往会受到对方的欢迎。

2. 顾客提出要求之时

当顾客直接要求茶艺服务人员为其导购，或希望进一步了解某种茶叶和茶艺服务时，最佳的表现应当是恭敬不如从命。

3. 品茶环境有利之时

在气氛温馨、干扰较少的品茶环境中进行导购推销，往往会有较高的成功概率。

4. 当茶艺馆来客较多、茶叶价格适宜之时

此时因势利导地加大导购、推销工作的力度，通常可以取得较好的成绩。

（三）注意礼节

茶艺服务人员在接近顾客时，必须注意依礼行事，善待顾客。

1. 问候得体

在接近顾客之初，务必要先向对方说声："您好!"必要时，还可以加上"欢迎光临"一语。在问候对方时，要语气亲切，面带微笑，目视对方。

2. 行礼有方

茶艺服务人员在接近顾客时，通常应向顾客欠身施礼或者点头致意。在一般情况下，欠身施礼与点头致意宜与问候对方同时进行。行握手礼，则多见于熟人之间，茶艺服务人员通常不主动向初次相交的顾客行握手礼。只有在对方首先有所表示时，一般应由顾客首先伸出手来，方可与对方握手。对茶艺服务人员来讲，与顾客握手时，不要戴手套和墨镜，并且不要用左手与他人握手。

3. 自我介绍

接近顾客时，让对方明确自己的身份，是非常必要的。为此，必须要进行自我介绍。通常可参照三种模式。一是只介绍自己的身份，多用于现场服务之时。二是介绍自己所在的茶艺馆、部门和具体职务，一般适用于较为正式的场合。三是将自己所在的茶艺馆、部门、具体职务以及姓名一起加以介绍，适用于最为正式的场合。

4. 递上名片

不少时候，尤其是在上门推销时，茶艺服务人员往往需要递上自己的名片，以便双方日后保持联络。递上名片，宜在自我介绍或对方有此要求时进行。正确的做法是将名片正面面对对方，双手或使用右手递交过去。需将名片同时递交多人时，应以"由尊而卑"或"由近而远"为序。依照惯例，不宜主动索要顾客的名片。但当顾客主动递上其名片时，则须依礼捧接。即应在道谢的同时，以自己的双手或右手接过对方的名片。在将其认真捧读一遍之

后，应将其毕恭毕敬地收藏起来。

（四）争取顾客

茶艺服务人员在具体从事导购、推销工作中，必须在热情有度、两相情愿的前提下，摸清顾客心理，见机行事，以适当的解说、启发和劝导，努力争取顾客，以求促进双方交易的成功。

争取顾客，不仅需要全体茶艺服务人员齐心协力，密切配合，而且要求每一名茶艺服务人员都要善于恰到好处地运用必要的服务技巧。

具体而言，进行导购、推销时要想有效地争取顾客，通常要注意四个方面的问题。

1. 现场反应敏捷

在争取顾客时，茶艺服务人员必须做到观察入微，反应敏捷，及时根据现场的实际情况，采取自己的相应策略。在争取顾客时，手法上千人一面，千篇一律，其效果则不会太好。

要做到在现场反应敏捷，通常要求茶艺服务人员在进行导购、推销时必须尽量做到如下“六快”。

（1）眼快。看清楚顾客的态度、表情和反应。

（2）耳快。听清楚顾客的意见、反映和谈论。

（3）脑快。对于自己的耳闻目睹做出准确而及时的判断，并且迅速做出必要的反应。

（4）嘴快。回答问题及时，解释说明准确，得体而流利地与顾客进行语言上的沟通。

（5）手快。在有必要以手为顾客取拿、递送商品，或以手为其提供其他服务、帮助时，又快又稳。

（6）腿快。腿脚利索，办事效率高，行动迅速。既显得自己训练有素，又不会耽误顾客的时间。

2. 推介方式有效

在服务过程中，茶艺服务人员不论是从事导购工作还是从事推销工作，都有机会正面向顾客推介商品或服务。在推介商品或服务的过程中，只有采取正确的方式，才可以防止出师不利。

要想行之有效地进行商品或服务的推介，以下六种基本技巧都可以尝试。

（1）使顾客充分了解茶叶商品的真正价值，让对方明确它是物有所值的。

（2）使顾客充分了解茶叶商品的使用方法。如实际用途有哪些，怎样用好它。

（3）使顾客充分了解茶艺服务的独特哲理，这点往往能使人激发起对茶叶商品的兴趣。

（4）使顾客有机会对茶叶商品、茶艺服务有所接触。可通过让顾客品尝来强化其感官印象，加深其对茶叶商品的兴趣与认识程度。

（5）多上品种，让顾客所接触、所观看的茶叶商品品种尽量多一些，以便使其有更多的比较、更多的选择。

（6）先低级后高级地展示茶叶商品。这样使顾客所接触、所观看的茶叶商品、茶艺服务，在多种比较、选择的先后次序上，呈现出先低级后高级的顺序。

3. 摸清顾客心理

在导购推销过程中，顾客的心理活动十分复杂。茶艺服务人员在导购推销时若能对自己所服务的顾客的心理活动多几分了解，成功的把握便会多几分。

(1) 促使顾客加深认识。许多时候，顾客往往会对自己所感兴趣的某些茶叶商品心存疑虑。茶艺服务人员应尽量地向其提供更为详尽的情况，如有关茶叶商品的明显特点、主要性能、基本用途、价格优势、使用方法、制造原料、销售情况、售后服务等。

(2) 促使顾客体验所长。在导购、推销之时，为顾客创造一些直接接触茶叶商品的机会，比如请对方试尝茶叶、参与茶艺服务活动等。这样，可以加强对顾客感觉的刺激，促进其对茶叶商品实际效用的认识。

(3) 促使顾客产生联想。在茶艺导购推销过程中，茶艺服务人员可根据不同的对象，从茶叶商品的命名、商标、包装、造型、色彩、价格、知名度等方面，揭示其迎合顾客购买心理的相关寓意或特征，提示茶叶商品消费、茶艺服务享用时所带来的乐趣与满足，借以丰富顾客的联想。

(4) 促使顾客有所选择。顾客对价格、售后服务等心存疑虑，茶艺服务人员在进行导购、推销时，最好要为顾客多提供几种选择。例如，可取出一定数量的不同品种的茶叶由其自行比较、挑选，或者将自己正在进行推介的茶叶与其他茶叶进行比较。这样做，一方面可以大大增强顾客对自己的信赖，另一方面也可以帮助顾客进行思考，权衡利弊。

4. 分清轻重缓急

茶艺服务人员进行导购推销，是一项十分复杂的工作。尽管有关这方面的岗位规范非常详尽，但是对实际从事这类工作的茶艺服务人员来讲，最重要的，是应当做到在面对顾客之时胸有成竹，随机应变，争取变被动为主动。

临场反应机敏，要求茶艺服务人员在进行导购、推销时既要具备良好的个人素质，又要善于观察、了解顾客的心理变化。除此之外，在具体推介茶叶商品、茶艺服务时，也要注意机动灵活。通常，应注意做好“四先四后”。

(1) 先易后难，即在推介时应当先从顾客容易理解之处着手，然后逐渐由浅入深，提高难度。

(2) 先简后繁，即在推介时应当从其简单之处开始，然后逐渐由简而繁，渐渐地向其繁杂之处过渡。

(3) 先急后缓，即在推介时应当从顾客急于了解之处开始，然后逐渐引向顾客必须了解的内容。

(4) 先特殊后一般，即在推介时应当从其独特之处开始，然后再介绍较为一般之处。

(五) 影响顾客

人所共知，在导购、推销过程中，茶艺从业人员与顾客之间是相互影响的。茶艺从业人员必须明确，要想使自己的服务工作有所进展，重要的一点是要想方设法对顾客施加更大程度的影响，而不是使自己深受顾客的影响。而茶艺从业人员所施加给顾客的影响，当然应当是正面的、积极的影响。如果能对顾客真正地产生正面的、积极的影响，肯定会对促进双向沟通及导购、推销工作大有裨益。

根据服务礼仪的有关规范，能够在茶艺导购、推销过程中对顾客产生正面的、积极的影响的，主要有六个方面的服务。

1. 诚实服务

在现代社会里，“真”“善”“美”颇为人们所看重。在服务过程中，尤其是在为顾客提供导购、推销服务时，茶艺服务人员的诚实与否，是深受顾客重视的。只有为顾客诚实服务，才会真正地把自己的茶艺导购、推销工作做好。

诚实服务，简言之，就是要求茶艺从业人员对顾客以诚相待，真挚恳切，正直坦率。随着我国市场经济的不断推进，广大消费者的知识、阅历正在不断地增加，盲目低估顾客的认识，甚至欺骗顾客，是极不明智的。相反，茶艺从业人员在服务过程中，如果能对顾客诚实无欺，则必为他们所信任，他们也会放心地进行交易，甚至会成为“本店常客”。

2. 信誉服务

有位国外的推销行家在介绍推销经验时曾说：“信誉仿佛一条细细的丝线。它一旦断掉，想把它再接起来，可就难上加难了。”事实的确如此，对茶艺从业人员来讲，信誉确实是生意存在下去的生命线。一旦失去了信誉，生意便会失去立足之本。以信誉服务，应做到以下几点。

（1）遵诺守信，说到做到。对顾客不能信口开河，胡乱承诺，滥开空头支票。

（2）涉及信誉之事都不可马虎。因为信誉之事不分巨细，任何大的信誉都是由众多小的信誉积累而成的，失去小的信誉，就不可能有大的信誉。

（3）区别“夸”与“吹”，可“夸”而不可“吹”。对茶艺从业人员来说，“夸”是绝对必要的，而“吹”则不可取。因为“夸”是为了让顾客了解自己的商品以及服务在哪里能为对方提供哪些便利；而“吹”则是言过其实，虚张声势，毫无信誉可言的。

3.“三心”服务

以全心服务，就是要求茶艺服务人员在自己的工作之中，必须有意识地树立“三心”：一是要细心，即细心地观察顾客；二是要真心，即真心替顾客考虑；三是要热心，即热心为顾客服务。诚如一位营销专家所说：“只有在实心实意地帮助顾客的同时，自己才更容易在事业上获得成功，才可以品味到生活的无穷乐趣。”

4. 情感服务

具有情感，是人类区别于其他生物的主要特征之一。情感，一般是指人们对于客观事物所持的具体态度。它反映人与客观事物之间的需求关系。从根本上讲，人们的需要获得满足与否，通常会引起其对待事物的好恶态度的变化，从而使之对事物持以肯定或否定的情绪。

茶艺服务人员的不同情感，往往会导致不同的服务行为：要么是积极行为，要么是消极行为。真挚而友善的情感，具有无穷的魅力和感染力；强烈而深刻的情感，可以促使自己更好地为顾客服务。饱含情感服务，要求茶艺服务人员必须具有以下几点。

（1）健康的情感。只有用健康的情感服务顾客，才能使自己的工作更加符合顾客的心理需要。

（2）正确的情感倾向。待人必须使自己具有同情与恻隐之心，理解与宽容之心，尊重与体谅之心，关怀与友善之心。

（3）深厚而持久的积极情感。即在工作岗位上，要将个人情感稳固而持久地控制在有利于服务方面，并不因为自己与顾客双方某种因素的影响而变化无常。

5. 形象服务

茶艺服务人员的个人形象关系到茶艺服务商家的整体形象，也关系到导购、推销能否成功。在茶艺导购、推销过程之中，它往往会成为一个重要的双向沟通的基础。无论从任何一个方面来讲，个人形象欠佳的茶艺服务人员，都是难以为顾客所接受并信赖的。因此，以形象服务，要求茶艺服务人员必须做到以下几点。

(1) 树立起良好的个人形象。在个人的仪容、仪态、服饰、谈吐和待人接物方面，既要注意自爱，又要注意敬人。成功的茶艺从业人员，应当给人以文明、礼貌、稳重、大方的第一印象。

(2) 处处维护自己所代表的茶艺馆的形象。一个成功的茶艺服务公司，留给其顾客的整体形象，理应是热情待客、优质服务、管理完善、言而有信。茶艺服务公司的整体形象，往往就具体体现在茶艺服务人员的所作所为之中。

6. 价值服务

顾客持币购买商品、服务时，首先希望的是物有所值，这是一种普遍的心理状态，也是经济生活中等价交换规则的具体体现。使顾客感受到物有所值。应当成为茶艺服务人员做好本职工作正确的、基本的导向。

以价值服务，向茶艺服务人员提出的要求如下。

(1) 使顾客了解清楚所推介的茶叶商品、茶艺服务的真实价值。只有这样，才能使顾客认识到自己即将做出的购买决策是物有所值的。

(2) 注重茶叶商品、茶艺服务的使用价值。一般来讲，顾客所购买的主要是“需要的满足”，所以在推介茶叶商品、茶艺服务时，其着重点应当是使用价值而不是它们本身。从现代科学的角度来看，使用价值有物理性使用价值与心理性使用价值之分。前者指的是纯物质性的使用价值，后者则是指消费者在心理上、精神上的要求。在茶艺导购、推销、介绍使用价值时，正确的做法应当是二者并重。

(3) 注重价格的合理性。价格是价值的具体表现形式。在不少情况下，价格往往会成为茶艺导购、推销工作的一种主要障碍。茶艺服务人员除了要掌握价格情况之外，还应有意识地避免过度的讨价还价，应始终强调茶叶商品、茶艺服务的自身价值、完善的配套服务。

(六) 学会拒绝的礼仪技巧

无论是人际交往还是公关交往，有求必应是每个人都在追求的理想目标。但是，由于主客观条件的限制，你事实上不可能有求必应。实际上，拒绝别人的思想观点、利益要求、行为表现的时候总是多于承诺、应允的时候。没有允诺和没有拒绝的交往都同样是不可想象的。

拒绝，可能是因为条件有限，可能是要维护自己的利益，可能是不得不兼顾第三者的利益，也可能是对方的要求不合情理。总之，理由可能是很多的。但是，纵使拒绝的理由有千条万条，由于拒绝所引起的心理抗拒以及由此产生的消极情感的后果往往是不可避免的。为了使这样的消极后果降到最低限度，茶艺服务人员应当学习和掌握一些拒绝的礼仪技巧。

1. 准备勇气，适时说“不”

茶艺服务人员在提供茶艺服务的过程中，经常会遇到许多社会组织、群体或个人有求于你的时候，这些要求多数情况下又是不能满足的。遇到这种情况，该怎么办呢？一概承诺？不可能，也办不到，如果都答应下来，最后只能落得个言而无信的名声。支支吾吾，不置可否？也不合适，对方会以为你不负责任，缺乏能力。

不予拒绝的理由可能很多，比如，怕伤了顾客的自尊心，怕伤了双方的和气，怕由此招来不测的后果等，正是这样一些理由使你常常不能果断地、面对面地拒绝别人。

客观上不能满足对方，或者很难满足对方，而主观上又当面给予了肯定的承诺，其后果只能是这样：要么会自责，产生自我抑制，后悔“早知今日，何必当初”；要么勉强应付，使茶艺馆受到损失；要么言而无信，引起顾客反感，甚至憎恶。

心理学的研究成果表明，一个人的心理期望值越高，其实现值往往就越低，期望值与实现值常常是成反比的。有些场合，你也许以为承诺是为了礼貌，是出于保护对方的自尊心不受伤害，是替公众考虑。可是，从你承诺的那一刻起，对方的期望值就可能达到饱和状态。如果你的承诺不能兑现，对方的心理实现值就会由饱和状态跌至负值状态，就有可能出现情绪反常，甚至失态。这个时候，因你的“有礼”承诺所引起的失礼后果就可想而知了。

为了长远、有效、脚踏实地地发展公共关系与人际关系，使众多的不得不采取的拒绝行为所引起的抗拒心理和消极反应降到最低限度，茶艺服务人员应当首先自觉地建立起随时说“不”的勇气和自信心。

2. 巧言诱导，委婉拒绝

拒绝，是一项高难度的专门技巧，茶艺服务人员应当认真学习和探讨，要善于根据不同情况运用不同的拒绝艺术，才能收到好的效果。

虽然应当提倡茶艺服务人员适时地表达“不”，但真正能愉快地接受“不”字的人恐怕是没有的，相反，断然拒绝必将导致顾客的不满；轻易地、直截了当地说“不”，只会让人以为你是一个毫无诚意的人。著名心理学家杰·达拉多认为：“人的攻击行为的产生，常常以欲求得不到满足为前提。”如果你一遇到需要否定的场合就忙不迭地连声说“不，不，不”，不但表现出你的浅薄幼稚，而且很有可能因此断送了友谊，断送了茶艺馆与顾客的良好关系。

必须表达否定的时候，首先需要尊重对方，说话要适当、得体，使用敬语，来扩大彼此的心理距离。人们都有这样的体会，在亲人、熟人面前，你在言语上总是会表现得随便一些，有话直说，直来直去。在面对陌生人时，你总是彬彬有礼，说话很注重分寸，对方在这样的情境下，很难以向你提出什么要求，表达什么意愿。当你需要表达否定的时候，如果也多用敬语，在语言上表现出对对方格外尊重，对方也往往会随之产生“可敬不可近”的感觉。这种用敬语扩大心理距离的否定法适用于与之交往还不是太深的顾客。

采用诱导方法也是表达否定的极好手段。需要否定时，不妨在言语中安排一两个逻辑前提，不直接说出逻辑结论，逻辑上必然产生的否定结论留给顾客自己去得出，这样的逻辑诱导否定法如果是在面对上级、身处领导地位的人时使用，效果往往比较理想。例如，战国时，韩国大臣掺留就曾经有效地使用过这样的方法。有一次，韩宣王就准备重用两个部下一事征求掺留的意见，掺留明知重用二人不妥，但直言说“不”，效果肯定不好，一是可能冒犯韩宣王，二是会让韩宣王以为自己嫉妒贤能。于是掺留用下面这段话表达了自己的见解：魏王曾因为重用这两个人而丢失国土，楚国也曾因为重用他们而丢失国土，如果大王也重用这两个人，将来他们会不会也把我国国土卖给外国呢？这位大臣的诱导式拒绝法被韩宣王愉快地接受了。

3. 道明原委，互相理解

一般来说，我们之所以拒绝对方，总是有一些不得不这样做的理由，总是有主观或客观方面的困难，对于这些困难，我们的顾客未必知道或未必完全清楚。因此，我们不妨面对顾客直陈我们的难处，求得对方的理解和谅解。社会民众的思想文化水平正在不断提高，只要我们彼此能以诚相待，顾客也定能理解我们所处的难处和不得不拒绝的理由。

有时候，我们拒绝的理由很难直陈，或没有时间讲清楚，或担心顾客难以理解。面对这种情况，我们也不妨只用些“哎呀，这咋办呢?”“真伤脑筋”之类的话就可以了。不必具体解释理由，顾客一般也不会再追问具体理由的。即使是问，也可继续使用“哎呀，真是一言难尽，真没办法!”之类的话给予回答。

拒绝顾客的时候，一方面要求对方的理解，另一方面，也应主动地理解顾客，例如，当我们有不得不拒绝的理由时，我们不妨客观真诚地说明一下，拒绝可能会给顾客带来的利益。凡事往往都有两个方面，坏事里面总是可能包含着好的一面，只要我们内心是热情坦诚的，这样的拒绝方法不仅不会伤和气，而且有可能促进双方关系的发展，顾客会把你看成是一个善解人意的人。

无论我们的拒绝方法多么礼貌，多么富于人情味，但是，拒绝终归不能像承诺那样引起顾客的好感，顾客总会有乘兴而来，败兴而归的心理感受。为了缓解顾客因我们的拒绝而产生的瞬时不快情绪，也为了表明我们的诚意，我们不妨在准备说“不”的时候，就主动为顾客考虑一下退路或补救措施，使顾客的情感能够转移，不致一下子跌入失望的深谷。比如，当顾客来求我们为其解决困难，而我们又无能为力的时候，我们不妨采取一点“补偿”性措施，比如向对方推荐一下目前有实力解决这类问题的同行等。这样，既可以使顾客获得心理补偿，减少因遭拒绝而产生的不满、失望，又表达了我们的诚意，使顾客能真正理解我们。

礼貌拒绝对方的方法还有很多，如让步拒绝法、预言拒绝法、提问拒绝法等。

只要我们以理解、真诚维系和发展公众关系为前提，认真总结、升华不得不说“不”的方法，以我们自己的人格、以我们所在公司的风格和美誉做保证，我们就定能找到如何礼貌拒绝顾客的各种具体方法。

二、茶单的使用

（一）茶单的设计原则

1. 以宾客的需要为导向

策划茶单前，要确立目标市场，要了解宾客的需要，根据宾客的口味、喜好设计茶单。茶单要方便宾客阅览、选择，刺激他们的品饮欲望。

2. 以茶艺馆所具备的条件为依据

设计茶单前应了解茶艺馆的人力、物力和财力，量力而行，同时对自己的知识、技术水平做到胸中有数，确有把握，以策划出适合本茶艺馆的茶单，确保获得较高的销售额和毛利率。

3. 体现本茶艺馆的特色，以利于提高竞争力

茶艺馆首先应根据自己的经营方针决定提供什么样的茶单，是西式还是中式，是大众化茶单还是特色茶单。茶单设计者要尽量选择反映本茶艺馆特色的茶类列于茶单上，进行重点推销，以扬茶艺馆之长，增强茶艺馆竞争力。茶单应具有宣传性，促使宾客慕名而来，成功的茶单往往总是把一些本茶艺馆的特色茶类或重点推销茶类放在茶单最引人注目的位置。

4. 灵活善变，适应品饮新形势

设计茶单时要注意各大茶类品种的搭配。茶类要经常更换，推陈出新，要总能给宾客以新的感觉。设计茶单时还要考虑季节因素，安排时令茶类，同时还要顾及宾客的个性爱好要求。

5. 讲究艺术美

茶单设计者要有一定的艺术修养。茶单的形式、色彩、字体、版面安排都要从艺术的角度去考虑，而且还要方便宾客翻阅，简单明了。茶单的图案要精美，且必须适合于茶艺馆的经营风格，茶单的封面通常印有茶艺馆名称标志。茶单的尺寸大小要根据本茶艺馆销售的茶叶商品、茶饮种类之多少来定。一般来说，茶单上的字与空白应各占50%为佳。字过多会让人眼花缭乱，前看后忘；空白多则给人以茶品不够，选择余地少的感觉。不能指望茶单上的每样茶类都很受欢迎，有些茶类尽管订茶的人不多，选入茶单的目的是扩大宾客选择的范围。

（二）茶单的设计制作

1. 茶单的文种、字体和规格

茶单上的茶名一般用中英文对照，以阿拉伯数字排列编号和标明价格（图 7-1）。字要印制端正，并使宾客在茶艺馆的光线下很容易看清楚。各类茶的标题字体应与其他字体有所区别，既美观又突出。除非有特殊要求，茶单应避免用多种外文来表示茶名，所用外文茶名拼写都要出自词典，防止差错。

图 7-1　茶单

茶单的式样和规格大小，应根据茶饮内容、茶艺馆规模而定。一般茶艺馆使用 28 cm×40 cm 单面、25 cm×35 cm 对折或 18 cm×35 cm 三折茶单比较合适。当然，其他规格或式样的茶单也很常见。重要的是茶单的式样须与茶艺馆风格协调，茶单的大小必须与茶艺馆的面积和座位空间相协调。

2. 茶单用纸的选择

为了使茶单更精美、更耐用，也需对选择哪种纸张印制茶单花工夫。如何选择茶单的制作材料，取决于茶艺馆使用茶单的方式。一般来说，茶艺馆使用茶单有“一次性”和“耐用”两种差距很大的方式。“一次性”即使用一次后就处理掉，“耐用”当然指尽可能长期地使用。如果茶单内容每天更换，那么“一次性”使用便是选择制作材料的依据。这种茶单应当印在比较轻巧、便宜的纸上。由于它被使用一天后就丢弃不用，因而不必考虑纸张的耐污、耐磨等性能。但是，一次性茶单并不意味着可以粗制滥造。事实上，轻巧单薄的纸上仍然可以印出精美的茶单。当选用质地精良、厚实的纸张时，例如绘画纸、封面纸等，同时还必须考虑纸张的防污、去渍、耐折和耐磨等性能。当然，茶单也不一定非得完全印在同一种纸上，不少茶单是由一个厚实耐用的封面和纸质稍逊的活里面组成。

3. 插图与色彩运用

茶单的装帧，特别是插图、色彩运用等艺术手段，必须与茶饮内容和茶艺馆的整体环境相协调。茶艺馆若以供应宫廷名茶为主，茶单则以装点得古色古香为妙，让茶单与茶饮相映成趣。一般茶艺馆的茶单可用建筑物或当地风景名胜的图画作为装饰插图。色彩的运用也很重要。首先，赏心悦目的色彩能使茶单显得更加吸引人；第二，通过彩色图画能更好地介绍重点茶饮；第三，色彩还能反映这家茶艺馆的情调和风格。因此，要根据茶艺馆的规格和种类选择色彩。淡雅优美的色彩如浅褐、米黄、淡灰、天蓝等可作为基调，再点缀性地运用一些鲜艳色彩，这样的茶单便会使人觉得身处一个较高档次的茶艺馆。

三、销售服务

（一）茶叶包装

1. 茶叶包装的种类及其包装材料的选择

茶叶的包装，指的是保护茶叶品质的容器。按其功能可分为大包装和小包装两类。大包装，即运输包装，又称外包装，用于装散茶、小包装茶以及各种砖茶。小包装，即销售包装，又称内包装，主要为了方便市场上销售。茶叶的大包装主要有三种：箱装、袋装和篓装。

茶叶箱有木板箱、胶合板箱和纸板箱之分。纸板箱有瓦楞纸板箱和牛皮纸板箱两种。一般茶叶箱内衬有铝纸罐或者塑料袋，以防受潮。

茶叶大包装的包装袋一般有麻袋内衬塑料袋、麻袋涂塑和塑料编织袋。最近国外产茶国和茶叶商有用纸袋来取代胶合板箱和瓦楞纸板箱的包装。托盘包装纸袋是由 2~3 层牛皮纸与1~2层聚乙烯薄膜复合而成，外层经过特殊处理加工，增强了抗压、防潮的性能。

茶叶大包装的篓装，是指用竹篾编成的篓，内衬竹叶，一般用于装六堡茶、普洱茶、砖茶等。

由于国际市场旅游业兴隆，食品小件包装发展较快，包装业也随之发展起来，要求发展新的小包装材料和包装技术以适应商品生产的迫切需要。茶叶商品小包装的需要量也日益增多，如美国目前各种茶叶消费量中，袋泡茶和小包装茶约占 59%，客观上需求茶叶小包装生产量增多，质量更高。茶叶包装技术的研究课题主要是研究小包装技术。

小包装与大包装用料有所不同。选作茶叶小包装的材料，除了具备避光性能外，最主要的是要求防潮性良好和不透气。

目前茶叶小包装材料，大多用的是白铁皮、纸张、纸板和塑料，此外还有竹、木、玻璃和陶瓷等。白铁皮材料的防潮、避光、防异味和抗压等性能较好，但费用大，盛器不宜制得太小，容量最小在百克以上，用于做大包装为宜。纸质材料的防潮性能不如白铁皮，但质轻，加工容易，费用低，较易于推广。需求量最大的就是纸质材料，包括袋泡茶用的过滤纸、泡茶用的纸袋纸以及外包纸盒等。

一般的纸质材料透气率较大，防潮性能较差，需经过特殊处理后，降低透气度，才宜作为茶叶商品的包装材料。当然，袋泡茶用的纸袋则相反，要求透气度大，使茶叶内含物快速渗入茶汤中。

所谓透气度，是指单位时间和单位压差下，单位面积纸和纸板所通过的平均空气流量，

单位为 μm/(Pa · s)。

小包装材料主要有塑料和纸两种。无公害是纸质包装材料的优点，目前由于石油资源紧张，纸质包装材料更占主要地位。日本近年来创制有“防湿纸袋”和“镀铝纸袋”，其纸质韧性很强，不易破损，其避光、防潮性能较好，正在广泛作为茶叶商品的小包装材料。我国山东近年试产成功的镀铝箔纸，已用于包装香烟，也可试验作为茶叶小包装材料。

目前塑料与铝箔复合材料的研究进展很快，我国也正在加强这方面的研制。1981 年上海食品工业研究所试制成功供制软罐的复合材料。塑铝复合材料已不是双层复合，而是三层、四层复合。其原理是利用各种塑料的不同物理性能，多种塑料多层复合，取长补短。塑料多层复合材料具备多种性能：它既能避光且能防紫外线透过，防水气和氧气等气体透过，质轻又韧性强，既牢固不易破损，又封口、开启方便。据试验，茶叶小包装使用塑铝复合袋保存其品质最优，其次是软罐头成为茶叶小包装的好材料，其性能能够多方面地满足茶叶贮藏条件的要求。

包装材料选定后，包装结构的设计和加工技术同样关系到包装质量，包装结构要符合茶叶贮藏条件，要求避光、密封、不透气、不受潮、耐压等。在这些基本条件要求上做美学加工，按消费者心理、爱好，按不同茶叶的茶色种类，按茶叶质量的优次、重量、价格的差异等进行设计。如有的茶叶纸盒上开个茶壶形状的孔，用透明纸封盖，让茶叶与顾客见面时，提高顾客购买要求，设计者意图是好的，而结果适得其反，茶叶受光辐射作用会很快变质，顾客见到的是变质茶，也就失去购买意愿。

2. 包装材料的检验

1）含水率检验

茶叶经包装后，直接与包装材料接触，或是间接接触，由于包装材料的含水率高于茶叶的含水率，经过一段时间的贮存，则茶叶吸收包装材料散发出来的水分而致含水率逐渐升高，包装材料的含水率逐渐降低，包装材料的含水率直接影响茶叶的含水率，稍有疏忽，将会使茶叶含水率超过茶叶安全贮藏水分的界限，茶叶便很快陈化变质。在包装操作前，不仅要测定茶叶含水率，还必须同时测定包装材料的含水率，对含水率过高的包装材料，同样要经干燥后才能使用。

2）卫生检验

包装材料容器的卫生检验与干度检测一样，是包装不可忽视的保质措施，发现不合格的要及时处理。如包装材料在加工和存放中极易染上灰尘，使用前必须清理。这些灰尘也是茶叶染上微生物的根源。如铁罐加工必定染上油污，如果不去油污即装上茶叶，茶叶就会串上机油味，不能饮用。又如有的纸盒加工中没有及时干燥而发霉，其霉味就会传染给茶叶。

直接与茶叶接触的包装材料，尤其要做认真的卫生检验，茶叶商品是常年供应，茶叶与包装材料长期接触、摩擦，如果包装材料中含有铅、铝、镉、砷等金属，也会污染茶叶。现已查明，荧光增白剂是一种致癌物质，经荧光增白剂处理的雪白纸张，不得作为包装材料与茶叶接触。

3. 包装操作技术

1）要求保持包装环境干燥

茶叶的吸湿性很强，据测定资料：切细红碎茶（末茶）在相对湿度为 66%~67%的环境下放置 1 h，含水率会由 6.9%升到 7.4%，或者由 6.5%升到 6.9%，增加幅度为 0.4%~

0.5%。如果在相对湿度为90%的环境下则含水率增加幅度更大，同样是红碎茶放置2 h，含水率会由5.9%升到8.7%，增加幅度为2.8%；放置4 h后则茶叶含水率升到10.2%，增加幅度为4.3%。在同样的环境下（相对湿度为90%），珍眉二级的含水率增加幅度虽然没有切细红茶那么大，但含水率增加幅度也是相当严重的，放置2 h后含水率由5.9%升到8.2%，增加幅度为2.3%；放置4 h后茶叶含水量升到9.4%，增加幅度为3.5%。这充分说明包装操作的环境湿度对茶叶的含水率影响很大。因此，一般要求采用空调等吸湿设备降低包装车间的湿度，保持包装车间的相对湿度在50%以下。有必要将包装机械改成整机封闭状态（将贮茶斗也封闭在内），使得茶叶包装过程完全在相对密闭的、干燥的环境下进行。这样既可减少茶叶吸收水分，又可防止茶叶香气物质挥发而造成的损失。

2）要尽量缩短包装的时间

茶叶含水率的增加幅度随着其暴露在空气中的时间的增加而增加，因此，应该注意缩短茶叶与空气接触的时间，要求做到随时开茶箱取茶，随时包装，快速包装。严格执行操作制度，防止茶叶含水率的增加和茶香的散失。

采用抽氧包装和脱氧包装更是要求操作熟练，做到快速包装。

3）注意包装外观的美化

小包装属零售包装，直接与消费者见面。装潢是小包装的表面装饰，可美化商品外观，增强印象，以唤起消费者的购买热情。装潢是商品最有效的广告宣传，有人称包装装潢是"无声推销员"和销售"尖兵"。有人认为，"美化包装的职责在于使常受习惯控制的顾客着眼到能引人入胜的包装上而动心选购"。有人甚至提出："包装上的外形、颜色、图画和字句都会影响消费者品尝时的感觉。"这是不无道理的。如西藏地区人们认为黄色纸包的茶叶特别贵重；同样质量的茶叶不用黄纸包装，就被认为是一般茶叶。因此，在美化包装中要求构图突出茶叶的特征，使茶叶形象鲜明；运用色彩应十分注意各个国家、各个民族人民所喜爱的色调和禁忌的颜色。同时应做到图文并茂，使茶叶包装本身成为一种工艺品、纪念品、礼品，给人们以健康的、美的享受，从而引起顾客的购买欲。如日本市场上有一种新颖的龙井茶小包装，图案古朴，突出中国书法家书写的"浙江龙井茶"字样，深受欢迎，销售量较大。

总之，包装装潢是综合性艺术，需要各行各业专家共同协作，其中包括调研专家、绘画设计师、心理学测验人员、商品外形设计人员，以及摄影师等。

（二）结账与送别

1. 结账

在为宾客上完最后一道茶后，即应开始做好结账的准备工作，以备宾客随时结账付款。值台员不要用手直接将账单递交给宾客，而应该把账单放在垫有小方巾的托盘（或小银盘）里送到宾客面前。为了表示尊敬和礼貌，放在托盘内的账单正面朝下，反面朝上。宾客付账后，要表示感谢。如果宾客要直接向收款员结账，应客气地告诉宾客收银台的位置，并用手势示意方向。

2. 送别

宾客起身离去时，应及时为宾客拉开座椅，以方便其行走，并注意观察和提醒宾客不要遗忘随身携带的物品，代客保管衣物的服务员，要准确地将物品取递给宾客。在宾客离开之前，不可撤台。

要有礼貌地将宾客送到茶艺馆门口，热情话别，可以说："谢谢各位光临""再见，欢迎您再来"等道别语，并做出送别的手势，躬身施礼，微笑目送宾客离去。

四、茶叶储藏保管知识

经过千挑万选购入的新茶，如果贮存不妥，则风味全失，也枉费了选购的用心。要把茶叶保管好，首先要了解茶叶质变的原因，针对其原因采取相应的措施，即使久藏，除香气之外，其他风味可以控制保存。

（一）茶叶质变的原因

茶叶在贮存过程中，如果受到温度、湿度、光照的影响，特别是在茶叶本身含水率高的情况下，易引起茶叶内含物质成分的变化，而影响茶的色、香、味。

1. 茶叶含水率变化

干燥食品在品质保存中，若为绝对干燥，则食品中各种物质直接暴露于空气中，容易氧化变质。如在食品表面，水分子的氢链与食品中成分结合，呈单分子存在时，可阻断食品中物质与空气中的氧接触，避免食品氧化变质。据研究，当茶叶含水量为3%时，恰好能达此状态；当茶叶含水率上升到6%以上时，茶叶的质变就相当明显。现在制作加工的茶叶，特别是绿茶，生产者为保持茶的外形美观，炒制的干茶往往含水率较高，不采取一定措施，就不易保持其品质。另外，即使原含水量较低的茶，敞开放置或无防潮包装，也会很快吸水，尤其是与所在环境中的相对湿度密切相关。如原为含水量5.7%的干茶，分别放置在相对湿度为90%、80%、57%、42%、19%和2.5%的环境中1 d，含水率分别上升或下降到9.6%、7.4%、7.1%、6.0%、4.9%和13.0%；放置2 d，则含水率分别为11.4%、9.1%、8.1%、6.3%、4.7%和2.3%；放置10 d，则含水率分别为16.8%、11.8%、8.4%、6.5%、4.6%和2.0%。

2. 茶多酚的自动氧化聚合

茶多酚是茶叶中重要的活性物质之一，加工中其变化对形成茶的色和味关系密切。在贮存过程中，茶多酚的自动氧化仍在继续，尤其是在茶叶含水量高的情况下，茶多酚自动氧化聚合更快，可溶部分含量下降明显。茶多酚的自动氧化形成的氧化物，易和氨基酸、蛋白质等结合，形成高聚合物，使茶汤滋味变得淡薄，失去鲜爽性；使红茶汤色加深变暗，绿茶茶汤变成黄色、黄褐色、褐色；叶底变深变暗。另外，原来存在于红茶中的茶黄素也会在温度较高、湿度较大的情况下与氨基酸进一步聚合，使含量下降，而且茶红素的含量同时下降，而茶褐素却随之增高，以致茶汤的亮度、浓度、鲜爽度都降低，叶底变暗。

3. 氨基酸减少

正如前述，由于茶多酚自动氧化的氧化物能与氨基酸结合形成暗色的聚合物，因而氨基酸在贮存中含量会减少。另外，氨基酸在不同的温、湿条件下还会氧化、降解和转化，尤其是在夏季高温和多湿时，更易发生。

4. 抗坏血酸的氧化

绿茶营养优于红茶，抗坏血酸含量高是其原因之一。在贮存中，还原型的抗坏血酸会氧化成氧化型的抗坏血酸。当抗坏血酸的保留量低于含量的70%时，不仅营养价值下降，而且使绿茶的色泽和汤色发生褐变，尤其是在高温、高湿、多氧条件下，氧化更加剧烈。

5. 叶绿素的变化

叶绿素是绿茶干茶色泽和叶底色泽的主要物质，叶绿素保留量高，色泽翠绿。当绿茶在贮存中约有40%的叶绿素转化为脱镁叶绿素时，茶叶色泽仍是翠绿的；当有70%以上的叶绿素转化为脱镁叶绿素时，茶叶就会出现显著的褐变。叶绿素的变化与光的照射、温度高低和茶叶本身含水量高低密切相关。

6. 类脂物质的水解和氧化

茶叶中含有少量脂肪等类脂物质，在贮存中容易水解氧化，类脂水解后变成游离脂肪酸，脂肪酸自动氧化后会产生一些难闻气味，即常说的“陈气”，而且汤色也会加深变暗。

7. 香气成分的变化

茶在良好的贮存条件下，隔年或隔数年之后，绿茶色泽、滋味可与新茶相仿，而区别在于是否有“新茶香”。“新茶香”的主要成分正壬醛、顺-3-乙烯酸酯，除此以外还有反型青叶醇、二甲硫等物质。在贮存过程中含量明显减少，而产生戊烯醇、庚二烯醇、辛二烯酮、丙醛等新茶中所没有的成分，这些成分随贮存时间延长而增加，使绿茶香气陈变。同样，红茶在贮存中，花香和果香成分显著下降，而不良香气成分却增加，这种变化随着贮存温度的提高而加剧。

（二）茶叶贮存的环境条件

在“茶叶质变的原因”一节中，已提到温度、湿度、氧气量、光线等环境条件均会影响茶叶质变的速度，故茶叶在贮存中应严格控制环境条件。茶叶贮存的最佳条件如下。

1. 低温

实验结果表明，温度每升高10 ℃，茶叶的褐变速度要增加3~5倍。在-10 ℃以下，可以抑制褐变；在-20 ℃以下，贮存几乎能完全防止茶叶变质，有条件时用冷藏法贮存更佳。

2. 干燥

茶叶在无防潮包装或防潮环境不佳的情况下，周围环境相对湿度越大，则茶叶含水量越易升高。当茶叶含水量达6%以上时，变质明显，故贮存的环境条件应干燥，最好相对湿度能控制在20%以下，使茶叶含水量始终低于6%，相对湿度若能控制得更低则更好。另外，茶叶本身含水量在贮存前应进行测定，如果含水量过高，应进行复火，或用生石灰吸湿，甚至更换数次，使含水量控制在6%以下，即干茶用手指一捻便成粉末时，再行贮存。

3. 无氧气

空气中约含21%氧气。因茶叶中的许多物质会自动氧化，故无氧条件就能杜绝此类变化。现在用真空包装或充氮气包装就是根据这一原理。

4. 不透明

光线能促进植物色素及类脂物质氧化，即使在低温及无氧条件下，一旦受到强光照射，仍会使茶叶色泽劣变，且产生一种日晒气。故包装材料不宜用透明袋，勿将茶叶放置在光线照射处。现在许多小包装用防潮袋包装后，外加一厚纸盒，即起到防光照作用。有的人认为看不见茶叶，特开一口，虽一定程度上增加了美观，但对茶品质保证而言却是不利的。

5. 无异味

茶是吸附力很强的物品，切勿与他物放置一起，贮存容器和场所均需无异味，否则茶会完全变质。

（三）茶的贮存技术

1. 低温贮存

茶叶大量贮存时，应建立防潮冷库，或利用冷藏箱、柜。首先，将茶叶含水量控制在6%以下，装入布袋放入冷库内，同时再在冷库内放若干盛有生石灰的编织袋，使茶叶含水量进一步下降到3%左右。其间，如果生石灰已化开，宜更换一两次。需要出售时，再取出进行小包装，这样新茶的品质可以保持。如果用冷藏箱、柜贮存，可先将茶叶放在石灰缸内吸去一部分水，当茶叶足够干后，移入冷藏箱、柜，需要使用时，取出再行小包装。少量贮存时，干燥适度的茶叶装入双层盖防潮茶叶罐内，放入一包抗氧化剂，密封外盖口。为防止家庭用的冰箱中有其他物品串味，故在罐外要套几层塑料袋。

2. 常温贮存

茶叶大量贮存时，应建立防潮仓库，茶叶的处理方法同冷藏库。少量贮存，可用缸或铁皮箱，将生石灰放入编织袋或布袋中，置入缸底或箱底，约占总体积的1/3，在生石灰上铺几层纸。将茶叶包成小纸包（外用牛皮纸，内用桃花纸），包外写出品名、贮存日期，叠放于生石灰上面，缸口需用防潮松软之物压紧，铁皮箱应用双层盖密闭。传统的龙井茶贮存方法是用陶瓷瓦坛石灰法，至今已有400多年历史，其方法可供各种茶叶贮存参考。方法如下：选用块状生石灰，用33 cm×20 cm大小的布袋盛装，每袋约1 kg，扎紧袋口，外用牛皮纸松包，并用麻绳松扎，以防止石灰吸水膨胀而破包。每坛约装6~7 kg茶叶，高档龙井茶要用牛皮纸分成0.5 kg一包，分别置于坛的四周，中间放生石灰包一个，坛口用四五张厚草纸或棉垫盖住，上加瓦坛或盖密闭，防止透气。一般放置15 d左右，约2/3生石灰就已风化，要及时更换，每两次换生石灰约隔30 d，如果生石灰未风化，中心放生石灰包，6~7 kg茶叶放1 kg的生石灰包。

3. 无氧保存法

将茶叶装入多层复合袋或罐中，抽出氧气成真空包装，有的再充入氮气，使茶叶在无氧环境中停止自动氧化而变质。如再冷藏则更佳。

4. 冰瓶保存法

在冰瓶底层放入硅胶小布包，将含水量正常的茶叶分成小包置于冰瓶中，用双层盖盖紧，利用冰瓶隔热的作用，避免因夏季高温而加快茶叶的氧化速度。

以上所介绍的各种方法，都根据贮存条件来考虑，因此只要能达到这些条件的方法均可采用，特别是家庭贮存，可视保存量多少而选择适用方法。值得注意的是茶叶必须分成小包贮存，这样，取出一小包置于双层盖茶罐中，饮用完毕后再取另一包。另外，为了避免经常开启茶叶罐，使茶叶变味，故常用的茶叶罐宜小不宜大。

第八章

茶叶产品标准与健康茶制品

第一节　茶叶的质量标准

茶叶的质量标准主要是指茶叶的产品标准。产品标准是检验产品规格、质量的标尺，一般产品的标准大多用数据规定。由于茶叶是一种特殊的农副产品，决定茶叶产品品质优次的主要内容——色、香、味、形，目前仍以感官审评为主要检验方法，因而鉴别茶叶品质的优次，也以文字标准和实物标准样茶为依据。茶叶实物标准样是茶叶产销各方对茶叶质量共同制订和遵守的依据。

茶叶实物标准样按照茶叶产品加工的阶段不同，一般可分为毛茶标准样、加工标准样和贸易标准样三种。

1. 毛茶标准样

毛茶标准样是收购毛茶的质量标准。按照茶类不同，有绿茶类、红茶类、乌龙茶类、黑茶类、白茶类、黄茶类六大类。其中红毛茶、炒青、毛烘青均分为六级十二等，逢双设样，设六个实物标准样；黄大茶分为三级六等，设三个实物标准样；乌龙茶一般分为五级十等，设一至四级四个实物标准样；黑毛茶及四川边茶分四个级，设四个实物标准样；六堡茶分为五级十等，设五个实物标准样。

2. 加工标准样

加工标准样又称加工验收统一标准样，是指毛茶加工成各种外销、内销、边销成品茶时对样加工，使产品质量规格化的实物依据，也是成品茶交接验收的主要依据。各类茶叶加工标准样按品质分级，级间不设等。

3. 贸易标准样

贸易标准样又称销售标准样，主要有外销标准样和内销标准样。外销标准样是根据我国外销茶叶的传统风格、市场需要和生产能力，由主管茶叶出口经营的部门制定的出口茶叶标准样，是茶叶对外贸易中成交计价和货物交接的实物依据。各类、各花色按品质质量分级，各级编以固定号码，即茶号。如特珍特级、特珍一级、特珍二级，分别为41022，9371，9370；珍眉不列级为3008；珠茶特级为3505，珠茶一级至五级分别为9372，9373，9374，9375，9475。近年来，也有由各省自营出口部门根据贸易需要，自行编制的贸易样。

内销标准样一般是各种茶叶销售企业按企业经营范围和国内市场销售需要自行制定的，

适合本企业组织经营销售活动的茶叶销售标准样。

茶叶产品标准按照标准的管理权限、范围不同可分为国家标准、行业标准、地方标准和企业标准。其中国家标准 14 项，包括《绿茶》《紧压茶·花砖茶》《紧压茶·黑砖茶》《紧压茶·茯砖茶》《紧压茶·康砖茶》《紧压茶·金尖茶》《紧压茶·沱茶》《紧压茶·紧茶》《紧压茶·青砖茶》《紧压茶·米砖茶》《第一套红碎茶》《第二套红碎茶》《第四套红碎茶》《花茶级型坯》等。行业标准 4 项，包括《祁门工夫红茶》《闽烘青绿茶》。

第二节　茶叶产品国家标准

一、基础标准

GB 11767—2003　茶树种苗
GB/T 14487—2017　茶叶感官审评术语
GB/T 18797—2012　茶叶感官审评室基本条件
GB/T 20014. 12—2013　良好农业规范　第 12 部分：茶叶控制点与符合性规范
GB/T 24614—2009　紧压茶原料要求
GB/T 24615—2009　紧压茶生产加工技术规范
GB/Z 26576—2011　茶叶生产技术规范
GB/T 30375—2013　茶叶贮存
GB/T 30377—2013　紧压茶茶树种植良好规范
GB/T 30378—2013　紧压茶企业良好规范
GB/T 30766—2014　茶叶分类
GB/T 31748—2015　茶鲜叶处理要求
GB/T 32742—2016　眉茶生产加工技术规范
GB/T 32743—2016　白茶加工技术规范
GB/T 32744—2016　茶叶加工良好规范
GB/T 33915—2017　农产品追溯要求 茶叶
GB/T 34779—2017　茉莉花茶加工技术规范
GB/Z 35045—2018　茶产业项目运营管理规范
GB/T 35863—2018　乌龙茶加工技术规范
GB/T 35810—2018　红茶加工技术规范

二、卫生和标签标准

GB 2762—2017　食品安全国家标准 食品中污染物限量
GB 2763—2019　食品安全国家标准 食品中农药最大残留限量
GB 7718—2011　食品安全国家标准 预包装食品标签通则
GB 19965—2005　砖茶含氟量
GB/Z 21722—2008　出口茶叶质量安全控制规范
GB 23350—2009　限制商品过度包装要求 食品和化妆品

三、产品标准

GB/T 9833.1—2013　紧压茶 第1部分：花砖茶
GB/T 9833.2—2013　紧压茶 第2部分：黑砖茶
GB/T 9833.3—2013　紧压茶 第3部分：茯砖茶
GB/T 9833.4—2013　紧压茶 第4部分：康砖茶
GB/T 9833.5—2013　紧压茶 第5部分：沱茶
GB/T 9833.6—2013　紧压茶 第6部分：紧茶
GB/T 9833.7—2013　紧压茶 第7部分：金尖茶
GB/T 9833.8—2013　紧压茶 第8部分：米砖茶
GB/T 9833.9—2013　紧压茶 第9部分：青砖茶
GB/T 13738.1—2017　红茶 第1部分：红碎茶
GB/T 13738.2—2017　红茶 第2部分：工夫红茶
GB/T 13738.3—2012　红茶 第3部分：小种红茶
GB/T 14456.1—2017　绿茶 第1部分：基本要求
GB/T 14456.2—2018　绿茶 第2部分：大叶种绿茶
GB/T 14456.3—2016　绿茶 第3部分：中小叶种绿茶
GB/T 14456.4—2016　绿茶 第4部分：珠茶
GB/T 14456.5—2016　绿茶 第5部分：眉茶
GB/T 14456.6—2016　绿茶 第6部分：蒸青茶
GB/T 18650—2008　地理标志产品 龙井茶
GB/T 18665—2008　地理标志产品 蒙山茶
GB/T 18745—2006　地理标志产品 武夷岩茶
GB/T 18957—2008　地理标志产品 洞庭（山）碧螺春茶
GB/T 19460—2008　地理标志产品 黄山毛峰茶
GB/T 19598—2006　地理标志产品 安溪铁观音
GB/T 19691—2008　地理标志产品 狗牯脑茶
GB/T 19698—2008　地理标志产品 太平猴魁茶
GB/T 20354—2006　地理标志产品 安吉白茶
GB/T 20360—2006　地理标志产品 乌牛早茶
GB/T 20605—2006　地理标志产品 雨花茶
GB/T 21003—2007　地理标志产品 庐山云雾茶
GB/T 21726—2018　黄茶
GB/T 21733—2008　茶饮料
GB/T 21824—2008　地理标志产品 永春佛手
GB/T 22109—2008　地理标志产品 政和白茶
GB/T 22111—2008　地理标志产品 普洱茶
GB/T 22291—2017　白茶
GB/T 22292—2017　茉莉花茶

GB/T 22737—2008　地理标志产品 信阳毛尖茶
GB/T 24690—2018　袋泡茶
GB/T 24710—2009　地理标志产品 坦洋工夫
GB/T 26530—2011　地理标志产品 崂山绿茶
GB/T 30357.1—2013　乌龙茶 第1部分：基本要求
GB/T 30357.2—2013　乌龙茶 第2部分：铁观音
GB/T 30357.3—2015　乌龙茶 第3部分：黄金桂
GB/T 30357.4—2015　乌龙茶 第4部分：水仙
GB/T 30357.5-2015　乌龙茶 第5部分：肉桂
GB/T 30357.6—2017　乌龙茶第6部分：单丛
GB/T 30357.7—2017　乌龙茶 第7部分：佛手
GB/T 31740.1—2015　茶制品 第1部分：固态速溶茶
GB/T 31740.2—2015　茶制品 第2部分：茶多酚
GB/T 31740.3—2015　茶制品 第3部分：茶黄素
GB/T 31751—2015　紧压白茶
GB/T 32719.1—2016　黑茶 第1部分：基本要求
GB/T 32719.2—2016　黑茶 第2部分：花卷茶
GB/T 32719.3—2016　黑茶 第3部分：湘尖茶
GB/T 32719.4—2016　黑茶 第4部分：六堡茶
GB/T 32719.5—2018　黑茶 第5部分：茯茶
GB/T 34778—2017　抹茶

四、方法标准

GB 5009.3—2016　食品安全国家标准 食品中水分的测定
GB 5009.4—2016　食品安全国家标准 食品中灰分的测定
GB/T 8302—2013　茶 取样
GB/T 8303—2013　茶 磨碎试样制备及其干物质含量测定
GB/T 8305—2013　茶 水浸出物测定
GB/T 8309—2013　茶 水溶性灰分碱度测定
GB/T 8310—2013　茶 粗纤维测定
GB/T 8311—2013　茶 粉末和碎茶含量测定
GB/T 8312—2013　茶 咖啡碱测定
GB/T 8313—2018　茶叶中茶多酚和儿茶素类含量的检测方法
GB/T 8314—2013　茶 游离氨基酸总量测定
GB/T 18526.1—2001　速溶茶辐照杀菌工艺
GB/T 18625—2002　茶中有机磷及氨基甲酸酯农药残留量的简易检验方法（酶抑制法）
GB/T 18798.1—2017　固态速溶茶　第1部分：取样
GB/T 18798.2—2018　固态速溶茶　第2部分：总灰分测定
GB/T 18798.4—2013　固态速溶茶　第4部分：规格

GB/T 18798.5—2013　固态速溶茶　第5部分：自由流动和紧密堆积密度测定
GB/T 21727—2008　固态速溶茶 儿茶素类含量的检测方法
GB/T 21728—2008　砖茶含氟量的检测方法
GB/T 23193—2017　茶叶中茶氨酸的测定　高效液相色谱法
GB/T 23776—2018　茶叶感官审评方法
GB/T 30376—2013　茶叶中铁、锰、铜、锌、镍、磷、硫、钾、钙、镁的测定　电感耦合等离子体发射光谱法
GB/T 30483—2013　茶叶中茶黄素测定　高效液相色谱法
GB/T 35825—2018　茶叶化学分类方法

知识拓展

茶叶卫生标准的主要指标

《食品安全国家标准　食品中农药最大残留限量》（GB 2763—2019）。新的茶叶卫生标准指标如表8-1所示。

表8-1　《食品安全国家标准　食品中农药最大残留限量》中规定的茶叶指标

序号	项目名称	最大残留限量/（mg/kg）
1	吡蚜酮（pymetrozine）	2
2	草铵膦（glufosinate-ammonium）	0.5
3	草甘膦（glyphosate）	1
4	虫螨腈（chlorfenapyr）	20
5	除虫脲（diflubenzuron）	20
6	哒螨灵（pyridaben）	5
7	敌百虫（trichlorfon）	2
8	丁醚脲（diafenthiuron）	5
9	啶虫脒（acetamiprid）	10
10	多菌灵（carbendazim）	5
11	氟氯氰菊酯和高效氟氯氰菊酯（cyfluthrin 和 beta-cyfluthrin）	1
12	氟氰戊菊酯（flucythrinate）	20
13	甲胺磷（methamidophos）	0.05
14	甲拌磷（phorate）	0.01
15	甲基对硫磷（parathion-methyl）	0.02
16	甲基硫环磷（phosfolan-methyl）	0.03
17	甲氰菊酯（fenpropathrin）	5
18	克百威（carbofuran）	0.05

续表

序号	项目名称	最大残留限量/（mg/kg）
19	喹螨醚（fenazaquin）	15
20	联苯菊酯（bifenthrin）	5
21	硫丹（endosulfan）	10
22	硫环磷（phosfolan）	0.03
23	氯氟氰菊酯和高效氯氟氰菊酯（cyhalothrin 和 lambda-cyhalothrin）	15
24	氯菊酯（permethrin）	20
25	氯氰菊酯和高效氯氰菊酯（cypermethrin 和 beta-cypermethrin）	20
26	氯噻啉（imidaclothiz）	3
27	氯唑磷（isazofos）	0.01
28	灭多威（methomyl）	0.2
29	灭线磷（ethoprophos）	0.05
30	内吸磷（demeton）	0.05
31	氰戊菊酯和 S-氰戊菊酯（fenvalerate 和 esfenvalerate）	0.1
32	噻虫嗪（thiamethoxam）	10
33	噻螨酮（hexythiazox）	15
34	噻嗪酮（buprofezin）	10
35	三氯杀螨醇（dicofol）	0.2
36	杀螟丹（cartap）	20
37	杀螟硫磷（fenitrothion）	0.5
38	水胺硫磷（isocarbophos）	0.05
39	特丁硫磷（terbufos）	0.01
40	辛硫磷（phoxim）	0.2
41	溴氰菊酯（deltamethrin）	10
42	氧乐果（omethoate）	0.05
43	乙酰甲胺磷（acephate）	0.1
44	茚虫威（indoxacarb）	5
45	滴滴涕（DDT）	0.2
46	六六六（HCH）	0.2
47	苯醚甲环唑（difenoconazole）	10
48	吡虫啉（imidacloprid）	0.5
49	百草枯（Gramoxone）	0.2
50	乙螨唑（etoxazole）	15

茶叶重金属指标

世界各茶叶产销国对于有害金属元素铜、锌、铅、铬、镉、镍、锰等的含量均有严格的限制。

茶叶的重金属指标：

新的食品安全国家标准 GB 2763—2019 规定重金属的指标如表 8-2 所示。

表 8-2　新的食品安全国家标准中规定重金属的指标

序号	项目	最大残留限量/（mg/kg）
1	铅	5

注：稀土是元素周期表第三副族元素钪、钇及镧系（15 种）元素的总称。

第三节　健康茶制品

进入 21 世纪以来，酶技术、高通量药物筛选技术、逆流提取、膜和层析分离技术已经被广泛应用到茶多酚、茶黄素、茶氨酸和咖啡因等茶的次生代谢产物的分离纯化中；分子结构分析和鉴定技术创新使新物质不断被发现，至今发现茶的化学物质已有 1 400 多种，茶的营养和健康机制在全球科学家共同努力下不断推陈出新，研究深入到分子信号传导等基因水平。茶叶深加工产品开发也取得了大量成果，食品、保健品和药品层出不穷，产业体现了茶叶由传统饮料向食品、医药、日用化工领域渗透的趋势，可供消费者选择的产品更加丰富多彩，基本可以做到 24 小时生活不缺茶。

一、茶与药品

2015 年 6 月，国务院新闻办举行了新闻发布会，介绍了《中国居民营养与慢性病状况报告（2015）》。届时全国 18 岁及以上成人超重率为 30.1%，肥胖率为 11.9%，分别比 2002 年上升了 7.3%和 4.8%，6~17 岁儿童青少年超重率为 9.6%，肥胖率为 6.4%，分别比 2002 年上升了 5.1%和 4.3%。尤其是慢性病患病比例非常高，2012 年全国 18 岁及以上成人高血压患病率为 25.2%，糖尿病患病率为 9.7%，40 岁及以上人群慢性阻塞性肺疾病患病率为 9.9%，慢性病死亡率为 533/10 万，占总死亡人数的 86.6%。心脑血管病、癌症和慢性呼吸系统疾病为主要死因，占总死亡人数的 79.4%，其中心脑血管病死亡率为 271.8/10 万，慢性呼吸系统疾病死亡率为 68/10 万。2013 年，我国癌症发病率为 235/10 万，肺癌和乳腺癌分别位居男、女性发病首位，高于 2012 年 144.3/10 万（前五位分别是肺癌、肝癌胃癌、食道癌、结直肠癌），十年来我国癌症发病率呈上升趋势。慢性病患者中吸烟人数超过 3 亿，15 岁以上人群吸烟率为 28.1%，其中男性吸烟率高达 52.9%，非吸烟者中暴露于二手烟的比例为 72.4%。所以，自觉养成健康的生活方式和理念素养防控慢性病发生，对于促进国民身体健康非常重要。针对上述我国亚健康人群不断增加的现状，健康食品成为全国人民所关注的焦点；另外，随着全民饮茶行动的推进，茶叶的健康功能为更多消费者所认知。2014 年以来，在福建、浙江、上海、广州、深圳及四川等地，健康时尚的茶食品开始走俏，并有逐步壮大的趋势，例如，浙江大学屠幼英教授研发团队，采用高科技提纯技术，生产的表没食子儿茶素、没食子酸酯压片、EGCG 原料纯度高达 95%以上，如图 8-1 所示。许多企业开始投资茶食品新品的研发和生产。

近50年来，全球报道了大量的医学科研成果，儿茶素已经被开发成临床药物，如降血压的γ氨基丁酸酯粉末茶；防止花粉症的杉树叶与绿茶混合制成的杉树叶茶。2001年京都大学再生医科学研究所用绿茶中提取的高纯度多酚来保存动物的组织和内脏器官，有利于器官移植等手术的成功。

知识拓展

1. 茶多酚胶囊对小鼠抗衰老作用

取正常老年雌性小鼠随机分成四组，分别为1个对照组和3个不同剂量组，对照组灌喂蒸馏水，剂量组按剂量加服茶多酚胶囊，连续饲喂90 d后，对各组动物拔眼球取血，离心，取血清，测定血清中的GSH-Px活力。取各组动物肝脏，测定肝组织中过氧化脂质降解产物的含量。结果见表8-3。

表8-3 血清中GSH-Px活性与肝组织中MDA的含量

分组	例数/只	GSH-Px/（U/L）	MDA/（nmol/g）	*P*
对照组	10	686±94.9	138±20.9	
低剂量组	10	806±62.8	103±22.6	$P<0.05$
中剂量组	10	695±61.6	124±39.2	$P>0.05$
高剂量组	10	745±49.3	107±15.8	$P<0.05$

由表8-3可见，给予受试物90 d后，茶多酚能增强老年小鼠血清中谷胱甘肽过氧化物酶活力，呈显著性差异。肝组织中茶多酚低剂量组和高剂量组动物间也有显著性差异。

图8-1 表没食子儿茶素没食子酸酯压片

2. 茶色素软化血管动物实验

人体造成血管硬化的主要原因有以下三个方面：①自由基过剩，损伤血管内皮细胞；②脂类物质大量沉积，形成粥样硬化斑块；③血栓形成。

对健康家兔的茶多酚抗凝实验表明，茶色素能增加抗凝血酶时间，降低纤维蛋白原，促进纤维蛋白原的溶解，从而抗动脉粥样硬化，抗血栓形成。

茶色素对抗凝血酶时间、纤维蛋白原及纤维蛋白原裂解产物的影响见表 8-4。

表 8-4

组别	兔数	抗凝血酶时间/s		纤维蛋白原/（mg/dl）		纤维蛋白原裂解产物/（mg/ml）	
		给药前	给药后	给药前	给药后	给药前	给药后
茶色素	20	43±8	50±8	390±102	289±108	1. 1±1. 9	9. 4±1. 6
对照	20	46±8	44±8	313±82	301±130	1. 2±3. 5	5. 2±2. 4

茶色素促纤溶实验结果表明，注射茶色素后，纤维蛋白原下降，纤维蛋白原裂解产物增加，纤维蛋白原是形成血栓的重要物质。实验证明茶色素能有效降低纤维蛋白原，有效溶解血栓。

二、茶保健品与食品

常见的茶保健功能组合为“辅助降脂和减肥”“缓解体力疲劳和增强免疫力”“辅助降脂和通便”。所利用的茶叶保健成分可分为茶叶（包括红茶、绿茶、乌龙茶、普洱茶等）和茶叶提取物（包括茶多酚、茶色素、茶多糖等）两大类。包括十个种类的大量保健功能产品：①免疫调节食品；②调节血脂食品；③调节血糖食品；④延缓衰老食品；⑤抗辐射食品；⑥减肥食品；⑦促进排铅食品；⑧清咽润喉食品；⑨美容食品（祛痤疮/祛黄褐斑）；⑩改善胃肠道功能食品（调节肠道菌群/促进消化/润肠通便）。

知识拓展

茶糕点和茶爽

浙江大学屠幼英教授研发团队与杭州英仕利生物科技有限公司通过对超微绿茶粉曲奇饼干研究发现，添加超微绿茶粉可降低饼干含水量、酸度和游离脂肪含量。同样添加茶粉的月饼，脂肪含量相对于无茶的对照组明显减小，而且随着含茶量增加，脂肪减小量增大；同时脂肪含量的减少也改善了火腿月饼的油腻感。另外，茶叶添加到面条中，可以将茶的独特风味、保健功能与之有机结合，目前市场上有普洱茶面条，绿茶面条等。还有茶酥、羊羹、面包、海绵蛋糕、布丁、奶油卷等几十个品种茶糕点。

同时它们还联合推出了五种口感的茶爽含片，白茶茶爽、抹茶茶爽、黑乌龙茶爽、白茶茶爽和玫瑰红茶茶爽，可以满足不同的人群。如白茶茶爽适合吸烟人群除口腔异味，减轻吸烟引起的自由基的危害；具有杀菌，提神等功效，可以代替每日饮茶。玫瑰红茶茶爽针对身体较虚弱的人群和女性，有美容养颜和养胃作用（图 8-2）。

三、茶叶日化用品

茶叶日化用品是指人们在日常生活中，以茶叶内含成分为原料，经科技手法合成的化学

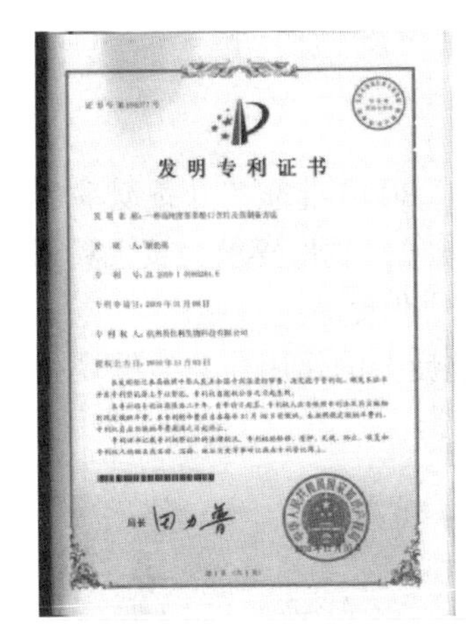
发明专利证书

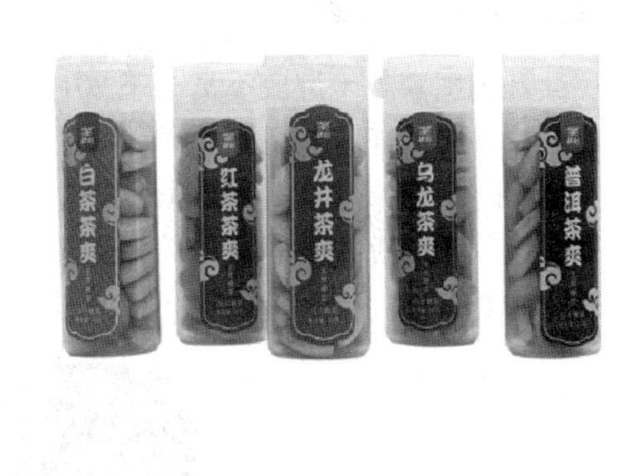

图 8-2　茶爽及专利

制品，包括洗发水、沐浴露、化妆品、洗衣粉等（图 8-3）。

纳米级绿茶粉富含脂溶性儿茶素、叶绿素和维生素，可以更好地被香皂中油脂所溶解，与水溶性茶多酚相比，更易穿透人体表层肌肤；茶中氨基酸、小分子蛋白质、多糖成分也为皮肤所吸收；茶粉的分子越细，制得的产品越细腻，与皮肤的黏结性越好，可以真正从内部改善肌肤营养和保水问题，改善皮肤缺水、粗糙及毛孔粗大、血液循环不良导致的血丝，以及过敏症状等不良状态。从源头消除自由基，抗氧化，抑菌消炎，清除异味，抑制酪氨酸酶活性，起到美白祛斑功效。同时产品采用中性 pH 环境，可以保证纳米级绿茶粉原料的功能。

茶树花提取物、茶皂素和茶黄素三者为面膜活性添加物，用其开发出来的具有抗氧化、抗衰老、美白保湿、抑菌消炎功效的抹茶茶树花面膜，适合现代工作环境中使用。茶花中的花皂苷具有较强的抗皮肤过敏的生物活性。

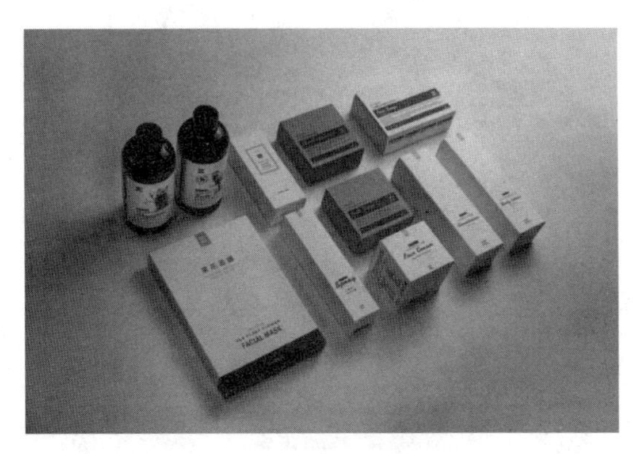

图 8-3　浙江大学屠幼英教授团队与杭州英仕利
生物科技有限公司开发的茶叶衍生品

茶树花中黄酮和多酚类物质能通过多途径抑制黑色素的合成及分布不均。首先它有对紫外线的吸收和对自由基的清除作用，从而保护黑色素细胞的正常功能；其次茶多酚可抑制酪氨酸酶活性，从根本上抑制黑色素形成。多酚的化妆品在脂质环境下对皮肤仍有较强的附着能力，可使粗大的毛孔收缩，使松弛的皮肤收敛、绷紧而减少皱纹。另外，茶叶中的 VE 和

VC 等也具有美白祛斑的作用，并且已经被广泛地应用于化妆品。

四、新食品资源茶氨酸

中华人民共和国国家卫生健康委员会于 2014 年 7 月 30 日批准茶叶茶氨酸为新食品原料（2014 年第 15 号），按照普通食品管理。食用量≤0.4 g/d；质量要求为黄色粉末，茶氨酸含量≥20 g/100 g，水分≤8 g/100 g。使用范围不包括婴幼儿食品。

天然茶氨酸有效松弛神经紧张、保护大脑神经、抗疲劳的作用，对缓解现代人工作、生活等心理压力有着重要的作用（图 8-4 和图 8-5）。

图 8-4　天然茶氨酸压片

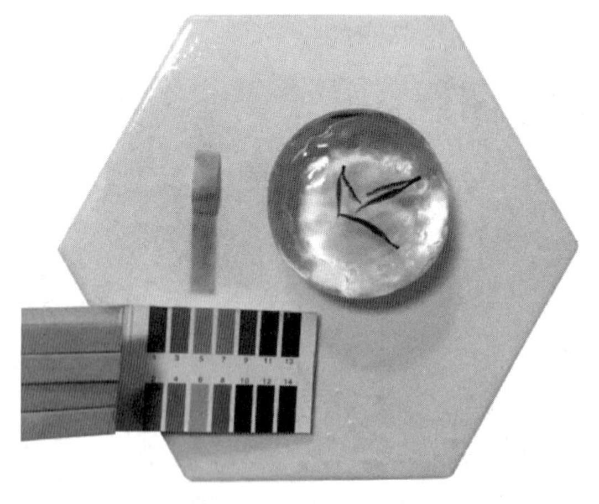

图 8-5　氨基酸净透凝珀洁面

第九章

茶艺场所经营与管理

茶馆是人们品茗、休闲、交友、娱乐的场所。茶馆在我国有着悠久的历史。随着时代的变迁，人们生活水平的提高，现代的茶馆从装饰布局、茶品质量、提供服务、体现多种功能以及茶客的类型等方面，和过去相比已有了很大的变化，茶馆的层次在不断地提高。而茶馆内部经营管理的水平也要不断地提高，才能在市场上站稳脚跟，在竞争中立于不败之地。

经营管理是一门学问，在经营过程中，一个不起眼的细节、一个微不足道的失误，都可能影响茶馆企业的声誉，甚至影响茶馆经营的成败。

第一节　经营策略

一、形象和特色建设

茶馆的形象建设是经营策略中的重要方面。茶馆的经营，只有注重形象的设计、特色的体现，形成自己独特的个性，才能在市场中赢得消费者的青睐。

1. 弘扬茶文化，树立良好的茶馆形象

1）体现文化品位

“茶”本身包含着很深的文化底蕴。茶馆作为人们品茗、休闲的场所，应处处体现一定的文化品位。茶馆在装潢设计或环境布置、茶具器皿、服务人员衣着服饰等方面，都应突出“茶”的主题，以传统的中华民俗文化为基调，融合美学、建筑学、民俗学，创造一个强烈的文化氛围，形成茶馆雅化的标志。如为突出茶馆的中国特色，茶馆服务员所穿着的服装，一般以中国传统的民族服饰为主调。茶馆文化品位体现得如何，对树立茶楼的形象有着重要的影响。

2）体现多种功能，满足消费情趣

茶馆在保留传统风格和面貌的基础上，还要结合现代人生活的特点，尽可能体现茶馆的多功能性，使茶馆成为适应不同层次、不同爱好、不同需求的消费者的场所。茶馆在提供各种茶水、饮料、茶食的同时，如有条件也可以提供各类食品，使茶馆不仅提供休闲、解渴的去处，还提供就餐的功能。

茶馆的包房，可根据各种娱乐活动的特点进行布置，一般茶馆的包房可设以下几种类型。

（1）普通包房。一般茶馆均有这类包房，小的设1~2张桌子，大的设3~4张或7~8张桌子，适用于不同的人数在单独的范围品茶或作为议事的场所。

（2）茶艺室。设有专门泡茶的泡茶台和品茶的桌子，由茶艺师在泡茶的同时进行讲解和演示，并可对茶客进行泡茶指导。

（3）情侣座。内设几张火车厢式的座椅，一般座椅靠背较高，使空间相对独立。

（4）陶艺室。备有陶土及专制陶土器皿的桌子和各种工具，并配有一名制陶老师，讲解和辅导制陶的技巧。

（5）KTV室。内设卡拉OK音响设备，茶客在品茗的同时，也可高歌低吟，自娱自乐，KTV室的隔音装置效果一定要好，以不影响他人品茶为佳。

（6）棋牌室。备有麻将、扑克、象棋、围棋等，供茶客娱乐（严禁赌博）。茶馆的装饰布局可根据茶楼本身所处的环境而定。

2. 注重饮茶时尚潮流，体现茶馆个性特色

根据目前茶馆的经营特色，主要分为以下两种类型。

1）传统茶馆的经营特色

传统特色的茶馆普遍重视体现传统文化。在装饰布置、服装器皿中，处处显示中国茶馆特有的风貌。在所供应的茶品中，传统茶馆一般均有龙井、碧螺春、毛峰、铁观音、茉莉花茶、祁门红茶等各类名茶。特别是一些层次较高的茶馆，对各类名茶的水质、水温、茶具的选择、冲泡程序等均十分讲究，使茶客在优雅的环境中，能品尝到色、香、味、形俱佳的香茗。传统茶馆既保持了传统的风格，又在经营中体现了高雅的文化品位，既适应了现代人的饮茶时尚，又体现了中华传统文化的特征。

2）现代茶坊的经营特色

除了传统茶馆外，目前市场上还有相当数量的红茶坊。和传统茶馆不同的是，红茶坊既保留了传统茶馆的风格，又结合了现代的色彩；既体现了东方的韵味，又融合了西方的情调。红茶坊供应的饮料一般以中国茶叶冲泡后加入各种辅料而制成。如红茶中加入牛奶和“黑珍珠”等辅料制成一杯可口的珍珠奶茶；加入冰块，放入调酒器内，通过充分的摇动溶化，可调制成一杯清凉爽口的泡沫红茶；加入柠檬和糖，又制成了一杯香甜的柠檬红茶。在茶具使用上也一改传统茶楼的紫砂壶和盖碗杯，而是使用如意壶或各式造型别致的玻璃杯。品饮时，不是用小口慢慢品尝，而是用吸管细细吸吮。比起传统茶馆，红茶坊的娱乐功能更为显著。有的红茶坊把座位设计成吊椅，并提供象棋、扑克等，有的在墙上还装了飞镖靶、小篮球架等，茶客在喝茶的同时可以进行各种娱乐，使品茶的过程充满了轻松、快乐和浪漫的情趣。与传统茶馆呈鲜明对照的是，现代红茶坊由于符合现代时尚潮流而受到越来越多年轻人的喜爱。

二、茶馆的市场营销

营销是经营者为了使消费者满意，并为实现经营目标而开展的一系列有计划、有组织的活动。要使茶馆在当前市场经济条件下健康地发展，必须按照茶馆经营的要求，重视茶馆的市场营销，根据市场状况的变化，不断推出新的营销策略，保证在经营活动中取得良好的业绩。

（一）分析市场动态，推出营销策略

茶馆市场的营销活动，包括和市场有关的整个业务经营活动过程，不仅包括茶馆经营的整个过程，而且包括销售前的各项准备工作和销售中的各种活动，如市场调研、茶品设计、消费水平定位、宣传措施等工作。茶馆的营销活动是围绕消费者而进行的，通过千方百计地满足消费者的需要来取得茶馆的经营业绩。

1. 市场调研

一般市场调研可从以下几方面来进行。

1）现场测定

分时间段实地观测人流量，然后排除偶然因素，对有可能消费的人流量做出估测。

2）周边调查

了解周围的居民社区人群密度，以及学校、商店、机关、饭店、娱乐场所分布情况。了解附近的居住区、商业区、旅游区、休闲区或风景区的分布情况，以及与茶馆的距离，茶馆周围的文化环境等。

3）了解同行

调查周围同行户数，并到同行店中了解其客流量、价格定位情况、茶品质量、环境设施等，有意识地观察服务员的服务水平及业务水平，从中找出其他茶馆在经营上的长处和不足。

通过市场调查，对整个环境进行分析、研究，并有针对性地对茶馆的经营进行开发和设计，形成既与周边环境和谐，又与同行不同的具有鲜明个性的经营方向。

2. 茶品设计

茶品是提供给茶客消费的主要商品，是茶馆营销组合中的一个重要因素。根据所处的环境和特色，选择合适的茶品是成功经营茶馆的关键因素。如在文化层次比较高，并有外国人居住或邻近外国使领馆的地段，应选择较高档的中国名茶，特别是重点推出一些外形美观、富有情趣的茶品。在风景旅游区和商业闹市地段，消费对象主要是游客和购物观光者，来茶馆的目的是休息、解渴，可选择中高档的茶品。而在一般的街头路边，应选择中低档的茶品。

3. 消费水平定位

消费水平定位的主要依据是茶品的成本，除此之外，茶馆的地段、经营的时间段、茶馆的设施以及市场竞争等其他因素均应考虑进去。

4. 宣传措施

茶馆要尽量利用各种手段、各种方法宣传企业形象，宣传自己的茶品，扩大知名度。茶馆的宣传措施如下。

1）促销

开展促销的目的是引起公众的注意，从而刺激消费。茶馆应充分利用茶文化这一珍贵的资源，举办各种与茶文化相关联的促销活动。通过一系列活动的开展，使更多的公众了解茶馆，扩大知名度。

2）广告

广告是向茶馆的潜在客人进行推销或宣传的一种营销工具。广告的作用在于：①宣传或树立茶馆企业的良好形象；②介绍茶馆产品，激发消费者的兴趣，刺激消费需求并抵消竞争

对手的广告宣传。

广告分为软广告和硬广告两种。硬广告是通过一些媒体宣传企业的形象和产品。硬广告宣传覆盖面主要取决于该媒体宣传的范围。硬广告在资金上一般投入较多，但效果较好。由于绝大多数茶馆的经营规模较小，而做这类广告费用较高，因此，对一般茶馆来说，最好是通过一些有特色的创意活动，事后以新闻采访的软广告形式在媒体上进行宣传。除了媒体广告外，茶馆还可以利用自己的门面、附近的街头进行宣传，或用发放宣传品、赠送礼品等方法，以及在网上进行广告宣传。

3）服务

服务质量是指茶馆服务能满足客人需要的属性。这种属性主要表现为客人的一种心理感受，而客人的心理感受则是通过他们的视觉、味觉、听觉、嗅觉、触觉而形成的，特别是视觉形象尤为重要。所以茶馆环境的装饰布置、服务员的仪容仪表，以及茶品的色泽、形状等都是茶馆服务质量的重要环节。茶馆服务的特点是消费者在茶馆的消费往往时间较长，除了对茶馆的环境以及茶品的感受外，服务员的服务水平和服务态度也是十分重要的。高质量、高水平的服务会为茶馆带来稳定的客源，也会使茶馆在激烈的竞争中立于不败之地。

（二）重视价格杠杆，满足各类消费

茶馆是以服务为主的行业，其价格的制定很大程度上要取决于茶馆的原料成本和经营成本以及毛利率的高低。要运用价格这一杠杆，制定一个能适应各类消费层次的合理价格，真正达到“物有所值”“质价相符”，就要在制定价格时把握好以下几个方面。

1. 按地段因素定价

茶馆所处地段人流的多少，是否为旅游风景区或商业区等因素，决定了地价的高低。价位高的地段，经营成本相对较高，茶的价格也应相对较高，如果正常经营，那么所产生的经济效益也较好；反之，偏僻的地段，经营成本相对较低，销售价格也应相应降低。

2. 按成本因素定价

茶馆的成本，主要包括原料成本和经营成本。原料成本是制定价格的基本依据，按原料成本定价必须首先考虑毛利率的高低，茶馆的消费特点是时间比较长，消费者往往一坐就是几个小时，不仅影响了座位的周转率，而且提供的服务量也相对较多，因此，茶馆的毛利率也比较高。茶馆毛利率的制定，除了原料成本外，还应考虑到经营成本的因素，设施豪华、地段好、服务周全的茶馆，毛利率可相应提高；反之，毛利率可相应降低。

3. 按营业时间定价

对不同的时间段，可以制定不同的消费价格。晚上是一天中的黄金消费时间，因此，茶馆可以把晚上这段时间的价格定得最高。其次是下午和深夜，而早晨和上午这段时间的价格定得最低，不少老年人早晨运动后，喜欢去茶馆，这部分人大多消费能力有限，但其中不少人是常年光顾的老茶客，采取低价销售可使早晨的茶馆显得特别热闹，虽然价格低，但薄利多销，也略有盈利。

此外，茶馆还可根据实际情况，按不同的消费对象制定价格。如对单位团体、旅行社、老茶客等给予不同的优惠。在价格制定上要充分利用价格这一杠杆对市场进行调节，作为参与市场竞争的手段来赢得市场，争取更多的消费对象。

第二节 管理基础

一、组织结构

组织结构是茶馆履行管理职能、实现经营目标的组织保证，建立科学合理的组织结构，在茶楼的经营管理中具有十分重要的作用。

（一）茶馆组织结构的作用

（1）便于合理组织人力、物力、财力，有效地开展经营活动，用较小的劳动消耗，取得最佳的经济效益。

（2）便于明确每个工作人员的职责范围，协调分工协作关系。每个部门、每个层次都有明确的分工，使每个工作人员都明白自己在茶馆整体中的定位，将茶馆内部各机构的分工协作关系固定化、制度化，使经营管理活动稳定、有序、协调地进行。

（3）便于按管理任务的需求，履行管理职能。组织结构确定后，根据部门的大小，层次的高低，工作任务的繁简，组成以茶馆经理为首的、统一的行政指挥系统，从而更好地履行各项管理职能，保证经营活动的正常开展。

（二）茶馆组织结构的原则

茶馆应建立科学合理的组织结构，在指导思想上必须明确以经营为中心，从茶馆的经营目标和任务出发，并应遵循以下一些原则。

1. 精简

指茶馆的组织结构必须在符合经营需要的前提下，把人员和机构数量减少到最低限度，做到机构紧凑，人员精干。

2. 统一

指茶馆内部各部门、各层次的建立及其运转，必须有利于企业的组织结构形成一个统一的有机整体。统一的内容包括：目标的统一，指挥命令的统一，重要规章制度的统一。

3. 责权对应

指茶馆在建立组织结构过程中，既要对每个部门、每个层次规定明确的职责，又要根据其职责大小，赋予其相应的权力，做到责权一致。

4. 弹性

指茶馆每个部门、每个环节和每个工作人员都能自主地履行自己的职责，能根据客观情况的变化自动地调整履行职责的方式、方法，自觉地完成所承担的任务。

5. 效能

茶馆的组织结构合理与否，必须看它是否有利于提高工作效率和经济效益。效能原则是衡量组织结构是否科学合理的最高原则，贯彻精简、统一、责权对应、自动调节等原则的目的，都是为了提高组织结构的效能。

（三）茶馆组织结构形式

茶馆组织结构形式是指茶馆内部所建立的组织管理体系结构，是茶馆中各部门及各层级之间相互关系的模式。

由于茶馆的经营规模一般都不大，有些茶馆只是大饭店或大商厦的一个部门，而且经营品种也较单调，因此，一般茶馆均采用直线制组织结构形式。直线制组织结构，是指由企业经理直接或通过一个中间环节领导和管理全体职工的一种组织形式。其特点是不设职能机构，领导关系上下垂直，形成一条直线，所以叫直线制。

直线制组织结构形式的优点是：机构简单，权力集中，权责明确，上下领导关系明确，信息沟通快，解决问题及时，人员少，效率高。它的缺点是：缺乏合理的分工，容易造成领导者独断专行，领导者负担过重，容易陷入事务堆中，并且经常处于忙乱状态。由于所有管理职能都由一人承担，因而需要领导者具有多方面的管理业务知识。直线制组织结构形式特别适用于规模不大的茶楼。

二、茶馆管理制度

（一）经理负责制

茶馆管理中的经理负责制是茶馆管理的根本制度，经理的主要责任包括：政治责任、法律责任、经济责任、对员工负责和对顾客负责。经理岗位职责包括以下内容。

（1）在法律、政策允许的范围内，拥有茶馆的经营决策自主权、经营活动指挥权、企业内部人事任免权、对员工的奖罚权、对外代表权，对上级部门和员工负责。

（2）根据市场动态，确定茶馆发展战略目标、服务宗旨，制定相应的经营方针、具体措施和服务质量标准。

（3）设计组织结构的设立或调整方案，任命茶馆内部部门以上的负责人员，给不同层次的员工培训创造条件。

（4）科学地制定岗位责任制和内部分配制度，体现按劳分配和奖惩分明的原则，建立充满活力的内部竞争机制，保证茶馆各部门工作高效、协调地进行。

（5）严格把握收支环节，控制茶馆费用支出，提高经济效益。

（6）抓好茶馆精神文明和企业文化建设，发挥党政工团在茶馆管理中的积极作用，提高员工的思想文化素质，提高企业的凝聚力和知名度。

（二）经济责任制

经济责任制是包括责任制、考核制和奖惩制的“三位一体”的经营管理制度。它要求正确处理国家、茶馆和员工个人三者之间的利益关系，把员工的利益同茶馆的经济责任制成果及个人的劳动贡献结合起来。

经济责任制有利于打破分配上的平均主义，使职工、企业的物质利益与劳动成果相结合，符合分工协作和按劳分配的原则。实行经济责任制，员工的经济利益与企业经济效益挂钩，有利于发挥员工的能动作用，扩大收入，降低消耗，提高经营管理水平，提高茶馆的经济效益。茶馆对国家的经济责任是向国家缴纳税金。

茶馆内部的经济责任制是以经济效益为中心，按照责、权、利相结合的原则，把茶馆所承担的经济责任加以分解，层层落实到部门、班组和个人，其主要内容如下。

1. 落实经济责任

主要指标是：营业收入、成本费用、资金占用、利润、人员工资总额及设备完好率等。落实指标的关键是确定经济指标基数。指标基数确定的基本依据是：上年度实绩；茶馆计划年增加的有利或不利条件对基数的影响；同行业先进水平。

2. 实行按劳分配

经济责任制在利益分配上可根据各部门和各人创收效益的好坏、贡献大小实行按劳分配，主要形式如下。

（1）计分计奖制。

（2）浮动工资制。

（3）提成工资制。把报酬和利润挂钩，完成利润指标，得到工资和奖金，超额完成指标，则按比例提取留成。

（4）其他形式。以经济效益为基础，承包计奖。如租赁承包，盈亏自负，按时缴纳一定的承包费和租赁费；抵押承包，以承包者个人或协同承包者集体的财产抵押取得经营权，按时缴纳承包费，盈亏自己负责。

（5）严格考核。经济责任制确定以后，必须实行严格的检查考核。考核内容中的数量指标和质量指标都要明确具体，操作性强。为了严格准确地进行考核，应该有完整的考核制度和报表制度。茶馆每天都要考核各项指标，并在一定时期分析公布考核结果，以利信息反馈和作为分配的依据。

（三）岗位责任制

岗位责任制是茶馆在管理中按照工作岗位规定岗位职责、作业标准、权限、工作量、协作要求等的制度，岗位责任制是茶馆组织管理的基础工作之一。岗位责任制设置合理，就为茶馆组织结构、茶馆管理体制奠定了基础。

岗位责任制的主要内容是：生产、技术、业务各方面的职责以及对岗位承担协作的要求，为完成任务和协作要求必须进行的工作和基本方法，各项工作在数量、质量、期限等方面应达到的标准等。做到事事有人管、人人有专责、办事有标准、工作有检查。

制定岗位责任制要人人动员，全员参与，由经理或部门牵头，员工自己制定，自己执行，自己总结经验，自己修改完善。茶馆岗位责任制的检查考核要与经济责任制的检查考核结合起来，而重点在于对每个人的考核。既要能反映每个员工的工作情况，又要反映各岗位连续运转的情况。茶馆建立和健全岗位责任制，必须实事求是，从茶馆本身的实际情况出发。岗位责任制要力求简明扼要，准确易懂，便于执行，便于考核。

（四）员工手册

员工手册是规定全体茶馆员工的权利和义务，以及应共同遵守的行为规范的文件。员工手册是茶馆里最具有普遍意义、运用也最为广泛的制度条文。

员工手册要让每位员工对茶馆的性质、任务、宗旨和指导思想、茶馆目标、茶馆精神有充分的了解。员工手册要规定茶馆和员工、员工和员工之间的关系准则，使员工树立一种责任感和归属感。奖惩条例，便于规范员工的行为举止，从而提高员工素质和茶馆的整体素质。员工手册要明确职工在劳动合同书中的权利和责任，有利于职工树立主人翁精神和团队精神。员工手册重在务实，要杜绝空话和套话。条文内容不能与国家的法律相抵触，也不能制定得太烦琐，让人不得要领。

第三节　经 营 管 理

一、工作任务

（一）研究市场需求，明确经营方向

研究市场需求，根据消费特点确定茶馆的经营策略，应成为茶馆工作的首要任务，只有充分了解市场需求，才能对茶馆的类型、风格特色、接待能力、服务程序、岗位规范等做出正确的决策。

（二）营造宜人的品茗环境

品茗环境对茶馆的经营有着重要的作用。茶馆吸引顾客的不只是一杯茶，还有茶馆的环境和独特的情调。应当不断改进和完善茶馆的空间布局、内部装潢、灯光音响、清洁卫生、服务人员的仪容仪表、礼仪礼貌等。宜人的品茗环境不仅能使茶客在精神上得到享受，给人以赏心悦目的感觉，而且能使人流连忘返，起到吸引茶客的作用。

（三）精心配制可口的茶品

茶品是指茶馆的主要经营品种。茶馆应在茶品的选择、贮藏保管、茶具使用、泡茶用水以及冲泡程序等各个环节上，比一般家庭泡茶更为讲究，使茶客在茶馆能品尝到一杯色、香、味、形俱佳的香茗。

（四）提供优质周到的服务

茶馆所供应的各种茶品，只有通过一系列的服务行为才能实现其价值。服务本身也是茶馆向客人销售的一种商品。端正服务态度，严格服务程序，保证服务质量，这是茶馆经营管理的关键。要求服务人员以客为尊，追求精品服务，主动灵活地进行工作，使茶馆的各个服务细节都达到完善极致的程度。

（五）开源节流，提高经济效益

开源节流，提高经济效益是茶馆经营的根本任务。所谓开源，就是抓好茶馆的销售，使茶馆有效的经营潜力得到充分利用，从而增加营业收入。所谓节流，就是控制消耗、节约开支、降低成本。茶馆要一手抓增收，一手抓节支，才能取得良好的经济效益。

（六）创建良好的茶馆品牌

品牌是茶馆重要的无形资产，有了良好的品牌，茶馆就会在竞争中赢得优势地位。创建良好的品牌，首先要确保各项服务品质，服务品质是茶馆品牌的核心，为确保服务品质，就必须高度重视茶馆服务品质的决定者——员工，通过培养优秀的员工来保证茶馆的服务品质。要不断对员工进行品牌意识和业务技能的培训，把茶馆的培训费和员工工资的支出看作是一种投资，而不是一种成本。做到尊重员工、关心员工、发展员工、激励员工，造就一支高素质的员工队伍，为客人提供满意的服务，从而维护茶馆品牌的稳定。

二、工作人员管理和配备

（一）工作人员的管理

1. 工作纪律

工作纪律是茶馆全体员工在工作过程中共同遵守的制度。为了加强工作纪律，必须严格

考勤、考核、奖惩，尽可能做到定岗、定人、定时、定量、定标准。劳动纪律必须与经济责任制挂钩，思想教育工作与经济手段并用，奖惩结合。只有严格管理，才能建立起自觉的劳动纪律。

2. 劳动保护和安全

劳动保护和安全是茶馆在经营过程中，为保护员工的身心健康，消除各种不安全的事故和隐患所采取的各种保护和预防措施。如茶馆在经营中整天和开水打交道，员工操作时应尽量避免开水烫伤自己或茶客，为预防和处理此类事故发生，茶馆应备一些烫伤药及常用的药品；又如，茶馆内由于顾客吸烟或开空调紧闭门窗的原因，应安装换气扇，保持空气流通、清新。在加强劳动保护和安全工作中，应建立安全责任制和检查制度，对开水锅炉、煤气灶及煤气管道、电气设备和电线应定期检查，煤气开关在营业结束时，应有专人负责关闭；改善员工劳动条件，根据茶馆自身能力，逐步改善劳动条件，要按国家规定的范围和标准发放保健品或保护费，保护员工的身体健康；对员工要经常进行安全教育，使员工在思想上重视安全生产，懂得安全生产。

（二）工作人员的配备

1. 人员分工配备

茶馆是服务性行业，在经营过程中，应当组织员工合理有效地进行劳动分工协作，以达到科学管理的目的。根据茶馆经营层次及规模，要配备具有一定经营管理能力和熟悉专业的管理人员。一般茶馆至少有一名中级以上的管理人员和茶艺师，并配备相应的符合工作条件和要求的服务员、辅助工和后勤人员。在考虑人员分工时，还应把各部门中的技术、专长、男女搭配好，但是由于茶楼规模一般不大，分工不能过细，要做到分工与协作相结合。

2. 人员数量配备

茶馆人员数量的配备，主要是堂口服务部门的人员数量配备。根据茶馆规模、营业时间确定班次，从而计算出工作人员配置的数量。

三、工作间管理

（一）工作间设计

茶馆工作间的设计主要根据茶馆的经营规模进行。工作间面积的大小有所不同，一般为：茶馆自己加工点心的，其工作间面积需达到营业面积的30%；纯茶水供应的，其工作间面积需达到营业面积的15%以上。

茶馆工作间位置一般设在堂口中间部位，门口进出的人较多，所以最好不要离门口太近。工作间进门处安放两张桌子，一张用来放已洗净待用的茶具，另一张用来放堂口收进来未经清洗的茶具，或者在工作间和堂口之间开设一扇窗口，茶具可通过窗口进出。工作间还必须备有茶叶柜、分类柜、电冰箱和茶具清洁柜（密封柜），存放已洗净消毒的茶具，并至少要有4只水槽，其中一只水槽内放置一只茶渣篮（可用不锈钢或塑料桶代替，桶底有许多小孔，便于漏水），一只清洗水槽、一只消毒水槽、一只冲洗水槽（上面有过滤龙头），如加工点心还得隔出一间点心间，点心间内应配备点心加工台、电冰箱、原料柜、搅面机、制作点心所需的各种锅灶、烘箱等。为便于工作人员和原料不直接从堂口进出，工作间应有一扇门直接通室外。

（二）工作间人员分工

工作间人员的分工主要有烧水、泡（发）茶、洗茶具、分装茶叶以及点心制作，一般茶馆由一人负责烧水、泡茶，另一人负责洗茶具和分装茶叶。有些规模极小的茶馆，以上这些活全由一个人包干。制作点心的茶楼，有1~2名人员负责点心的制作。

四、茶点成本核算和定价

（一）茶点成本核算

控制茶点成本是茶楼管理的基础工作，它直接影响到茶馆的信誉和竞争力。根据目前的核算制度，茶点的成本主要包括茶叶、茶食点心、瓜果、蜜饯以及制作茶食所耗用的原料和配料。其他燃料费、劳动力费用等均列入营业费用，不计入菜肴出品的成本。

（二）茶点定价的方法

茶点定价通常把原材料成本作为成本要素，把费用、税金和利润合在一起作为毛利。茶点价格的计算公式为

茶点价格=原材料成本+费用+税金+利润

或者：

茶点价格=原材料成本+毛利，茶点价格的确定，必须以茶点成本为基础，并考虑市场的竞争和茶馆的实际情况，坚持“物有所值、按质论价”的原则，其定价一般有以下几种方法。

1. 随行就市法

这是以其他茶馆的茶点价格水平作为参照物来确定本茶馆茶点价格的方法。根据本茶馆所处的地段、环境、设施等条件和其他茶馆相比，制定出比较合理的价格，这种方法比较简便，有利于同其他茶馆的竞争。

2. 内扣毛利率法

这是根据茶点成本和内扣毛利率来计算销售价格的方法。毛利率是毛利占茶点销售价格的百分比。其计算公式为

销售价格=茶点成本/(1−销售毛利率)

例如，一茶点原料成本为5元，茶馆对该茶点规定毛利率为75%，那么，该茶点的销售价格应为

5/(1−75%)=20元

用这种方法定价，茶点毛利在销售额中所占比例一目了然。

3. 外加毛利率法

以茶点成本为基础即100%，加上毛利占成本的百分比即成本毛利率，再以此计算茶点的销售价格，其计算公式为

销售价格=茶点成本×(1+成本毛利率)

例如，茶点成本为6元，茶楼规定该茶点的成本毛利率为400%，则该茶点的销售价格为：

6×(1+400%)=30元

外加法比内扣法在计算上更符合人们的习惯，但不能清楚地反映毛利在销售额中所占的比例。

4. 系数定价法

这种方法应根据以往的经营情况，确定茶点成本率，如计划茶点成本率为 25%，那么定价系数为 1/25%，即 4，其计算公式为

销售价格=茶点成本×定价系数

例如，茶点成本为 10 元，其茶点成本率为 25%，则该茶点销售价格为：10×（1/25%）= 40 元。这种方法是以成本为出发点的经验法，简便易行，是茶馆常用的一种定价方法。

五、消费需求

茶馆是品茗、休闲、社交、娱乐的场所，到茶馆消费，主要是满足人们的心理和精神需要。茶馆的经营活动，要尽量考虑消费者的利益，分析和了解消费者的消费心理，才能做到有针对性地开展各项经营活动，迎合消费者的需要，把茶馆的经营工作做得更好。

（一）不同类型的消费需求

根据茶馆档次的高低，其消费对象也有所不同。一些低档的茶馆设备简陋，由于价格便宜，一般其消费群体的文化水平和社会层次都比较低，其中不少人是每天光顾茶馆的“老茶客”，这部分人有充足的时间，来茶馆的目的除了解渴，主要是以聊天或消遣来消磨时光。相反，高档的茶馆由于价格较高，限制了一部分低收入者，其消费对象往往在文化和社会层次上要高一些，到茶馆喝茶的消费者，主要是看中茶馆的氛围和品位，人们在茶馆品茶的同时，可以欣赏精美的字画、家具、茶具，细细品尝茶的幽香和韵味。

（二）性格与爱好的差异

茶馆对有以下性格与爱好的人特别有吸引力。

1. 不爱寂寞的人

有些人待在家中感到无聊，于是茶馆成了他们最好的消磨时间和休闲的地方。

2. 爱说话聊天的人

不少人到茶馆喝茶，其实茶叶好坏，对他们来说并不重要，在茶馆喝茶，主要目的是说话聊天，喝茶是一种衬托。和几个朋友一起天南地北、海阔天空聊个半天、一天，特别有味。在四川成都，到茶馆喝茶被称为“摆龙门阵”，意思就是一起聊天。

3. 爱闹中取静的人

茶馆是个热闹的场所，而有些人则偏偏爱去热闹的场所看书、写稿、思考问题或闭目养神。

4. 茶叶爱好者

喜欢茶的人，对不同的茶的口味特点有兴趣，他们特别希望能品尝到各种高档名茶的口味，因此，他们对茶馆的一整套茶艺以及高档的茶具、茶叶特别欣赏。

另外，因茶馆自身的特点不同，吸引着各种不同兴趣爱好的消费者，如有的茶馆有下棋、打牌或其他娱乐项目等。

（三）年龄结构的差异

不同类型的茶馆，有着不同年龄结构的消费对象。中老年人喜欢在传统环境茶馆中品饮乌龙、龙井、毛峰等茶，而年轻人则喜欢到现代的茶坊中品尝各种新口味的茶饮料，茶坊轻松、活泼的氛围也更适合年轻人的特点。

（四）男女性别的差异

一般而言，中国茶馆的消费对象，从男女性别上来看，受传统观念的影响，过去男性要多于女性，男性上茶馆喝茶很正常，而女性上茶馆喝茶会被人认为不正派，尤其是女性单独一人上茶馆，更会被人指指点点、说三道四。从男女的生活习惯来看，男性在外面的时间多，待在家里的时间少，女性待在家里的时间多，而且终日忙于家务，很少有外出喝茶的时间。由于时代的不同，现在到茶馆喝茶的女性并不比男性少。由于女性性格细腻、更喜欢茶艺，不少女性喝茶比男性更为讲究，不仅讲究茶叶的质量、茶具的精美，并且对各类茶冲泡的水质、水温和冲泡方法均十分讲究。

（五）风俗习惯上的差异

不同的风俗习惯会产生不同的消费行为。一般而言，中国人爱喝茶，外国人（特别是西方人）爱喝咖啡，茶馆在中国有很大的市场，而在西方国家，茶馆的市场可能很小。就个人生活习惯而言，有人平时生活中喝惯了茶，不喜欢喝咖啡；相反，有人喜欢喝咖啡，不习惯喝茶。因此，茶馆对爱喝咖啡的人来说，没有吸引力。如果茶馆在供应茶的同时供应咖啡，一部分爱喝咖啡的消费者也可能会被吸引到茶馆。根据个人生活习惯的不同，茶馆应备有各种不同类型的茶叶，如绿茶、红茶、乌龙茶、普洱茶等。

另外，茶馆也可针对民间习俗，开发一些民俗消费，如新春佳节供应元宝茶，或供应闽式乌龙茶、西北地区的三泡台茶等。尽可能使供应茶的品种符合消费需要，符合时代潮流。

附录A　国家职业技能标准《茶艺师》

1　职业概况

1.1　职业名称

茶艺师

1.2　职业编码

4-03-02-07

1.3　职业定义

在茶室、茶楼等场所[①]，展示茶水冲泡流程和技巧，以及传播品茶知识的人员。

1.4　职业技能等级

本职业共设五个等级，分别为：五级/初级工、四级/中级工、三级/高级工、二级/技师、一级/高级技师。

1.5　职业环境条件

室内，常温，无异味。

1.6　职业能力特征

具有良好的语言表达能力，一定的人际交往能力，较好的形体知觉能力与动作协调能力，较敏锐的色觉、嗅觉和味觉。

1.7　普通受教育程度

初中毕业（或相当文化程度）。

1.8　职业技能鉴定要求

1.8.1　申报条件

具备以下条件之一者，可申报五级/初级工。

---

①　茶室、茶楼等场所，包括：茶馆、茶艺馆及称为茶坊、茶社、茶座的品茶、休闲场所，茶庄、宾馆、酒店等区域内设置的用于品茶、休闲的场所；茶空间、茶书房、茶体验馆等适用于品茶、休闲的场所。

（1）累计从事本职业或相关职业[①]工作1年（含）以上。

（2）本职业或相关职业学徒期满。

具备以下条件之一者，可申报四级/中级工。

（1）取得本职业或相关职业五级/初级工职业资格证书（技能等级证书）后，累计从事本职业工作4年（含）以上。

（2）累计从事本职业或相关职业工作6年（含）以上。

（3）取得技工学校本专业[②]或相关专业毕业[③]证书（含尚未取得毕业证书的在校应届毕业生）；或取得经评估论证、以中级技能为培养目标的中等及以上职业学校本专业或相关专业毕业证书（含尚未取得毕业证书的在校应届毕业生）。

具备以下条件之一者，可申报三级/高级工。

（1）取得本职业或相关职业四级/中级工职业资格证书（技能等级证书）后，累计从事本职业或相关职业工作5年（含）以上。

（2）取得本职业或相关职业四级/中级工职业资格证书（技能等级证书），并具有高级技工学校、技师学院毕业证书（含尚未取得毕业证书的在校应届毕业生）；或取得本职业或相关职业四级/中级工职业资格证书（技能等级证书），并具有经评估论证、以高级技能为培养目标的高等职业学校本专业或相关专业毕业证书（含尚未取得毕业证书的在校应届毕业生）。

（3）具有大专及以上本专业或相关专业毕业证书，并取得本职业或相关职业四级/中级工职业资格证书（技能等级证书）后，累计从事本职业或相关职业工作2年（含）以上。

具备以下条件之一者，可申报二级/技师。

（1）取得本职业或相关职业三级/高级工职业资格证书（技能等级证书）后，累计从事本职业或相关职业工作4年（含）以上。

（2）取得本职业或相关职业三级/高级工职业资格证书（技能等级证书）的高级技工学校、技师学院毕业生，累计从事本职业或相关职业工作3年（含）以上；或取得本职业预备技师证书的技师学院毕业生，累计从事本职业或相关职业工作2年（含）以上。

具备以下条件之一者，可申报一级/高级技师。

取得本职业二级/技师职业资格证书（技能等级证书）后，累计从事本职业或相关职业工作4年（含）以上。

1.8.2 鉴定方式

鉴定方式分为理论知识考试、技能考核以及综合评审。理论知识考试以笔试、机考等方式为主，主要考核从业人员从事本职业应掌握的基本要求和相关知识要求；技能考核主要采用现场操作、模拟操作等方式进行，主要考核从业人员从事本职业应具备的技能水平；综合评审主要针对技师和高级技师，通常采取审阅申报材料、答辩等方式进行全面评议和审查。

理论知识考试、技能考核和综合评审均实行百分制，成绩皆达60分（含）以上者为

① 相关职业：在茶室，茶楼和其他品茶、休闲场所的服务工作，以及评茶、种茶、制茶、售茶岗位的工作，下同。

② 本专业：茶艺、茶文化专业。

③ 相关专业：茶学、评茶，茶叶加工、茶叶营销等专业，以及文化、文秘、中文、旅游，商贸、空乘、高铁等开设了茶艺课程的专业。

合格。

1.8.3　监考人员、考评人员与考生配比

理论知识中的考试监考人员与考生配比不低于1∶15，且每个考场不少于2名监考人员；技能考核中的考评人员与考生配比为1∶3，且考评人员为3人以上单数；综合评审委员为3人以上单数。

1.8.4　鉴定时间

理论知识考试时间为90分钟；技能考核时间：五级/初级工、四级/中级工、三级/高级工不少于20分钟，二级/技师、一级/高级技师不少于30分钟；综合评审时间不少于20分钟。

1.8.5　鉴定场所设备

理论知识考试在标准教室内进行；技能考核在具备品茗台且采光及通风条件良好的品茗室或教室、会议室进行，室内应有泡茶（饮茶）主要用具，茶叶、音响、投影仪等相关辅助用品。

2　基本要求

2.1　职业道德

2.1.1　职业道德基本知识

2.1.2　职业守则

（1）热爱专业，忠于职守。

（2）遵纪守法，文明经营。

（3）礼貌待客，热情服务。

（4）真诚守信，一丝不苟。

（5）钻研业务，精益求精。

2.2　基础知识

2.2.1　茶文化基本知识

（1）中国茶的源流。

（2）饮茶方法的演变。

（3）中国茶文化精神。

（4）中国饮茶风俗。

（5）茶与非物质文化遗产。

（6）茶的外传及影响。

（7）外国饮茶风俗。

2.2.2　茶叶知识

（1）茶树基本知识。

（2）茶叶种类。

（3）茶叶加工工艺及特点。

（4）中国名茶及其产地。

(5) 茶叶品质鉴别知识。
(6) 茶叶储存方法。
(7) 茶叶产销概况。

2.2.3 茶具知识

(1) 茶具的历史演变。
(2) 茶具的种类及产地。
(3) 瓷器茶具的特色。
(4) 陶器茶具的特色。
(5) 其他茶具的特色。

2.2.4 品茗用水知识

(1) 品茗与用水的关系。
(2) 品茗用水的分类。
(3) 品茗用水的选择方法。

2.2.5 茶艺基本知识

(1) 品饮要义。
(2) 冲泡技巧。
(3) 茶点选配。

2.2.6 茶与健康及科学饮茶

(1) 茶叶主要成分。
(2) 茶与健康的关系。
(3) 科学饮茶常识。

2.2.7 食品与茶叶营养卫生

(1) 食品与茶叶卫生基础知识。
(2) 饮食业食品卫生制度。

2.2.8 劳动安全基本知识

(1) 安全生产知识。
(2) 安全防护知识。
(3) 安全事故申报知识。

2.2.9 相关法律、法规知识

(1)《中华人民共和国劳动法》的相关知识。
(2)《中华人民共和国劳动合同法》的相关知识。
(3)《中华人民共和国食品卫生法》的相关知识。
(4)《中华人民共和国消费者权益保障法》的相关知识。
(5)《公共场所卫生管理条例》的相关知识。

3 工作要求

本标准对五级/初级工、四级/中级工、三级/高级工、二级/技师、一级/高级技师的技能要求和相关知识要求依次递进，高级别涵盖低级别。

3.1 五级/初级工

职业功能	工作内容	技能要求	相关知识要求
1. 接待准备	1.1 仪表准备	1.1.1 能按照茶事服务礼仪要求进行着装、佩戴饰物 1.1.2 能按照茶事服务礼仪要求修饰面部、手部 1.1.3 能按照茶事服务礼仪要求修整发型、选择头饰 1.1.4 能按照茶事服务礼仪规范的要求进行站姿、坐姿、走姿、蹲姿 1.1.5 能使用普通话与敬语迎宾	1.1.1 茶艺人员服饰、佩饰基础知识 1.1.2 茶艺人员容貌修饰、手部护理常识 1.1.3 茶艺人员发型、头饰常识 1.1.4 茶事服务形体礼仪基本知识 1.1.5 普通话、迎宾敬语基本知识
	1.2 茶室准备	1.2.1 能清洁茶室环境卫生 1.2.2 能清洗消毒茶具 1.2.3 能配合调控茶室内的灯光、音响等设备 1.2.4 能操作消防灭火器进行火灾扑救 1.2.5 能佩戴防毒面具并指导宾客使用	1.2.1 茶室工作人员岗位职责和服务流程 1.2.2 茶室环境卫生要求知识 1.2.3 茶具用品消毒洗涤方法 1.2.4 灯光、音响设备使用方法 1.2.5 消防灭火器的操作方法 1.2.6 防毒面具使用方法
2. 茶艺服务	2.1 冲泡备器	2.1.1 能根据茶叶基本特征区分六大茶类 2.1.2 能根据茶单选取茶 2.1.3 能根据茶叶选用冲和使用方法冲泡器具 2.1.4 能选择和使用备水、烧水器具	2.1.1 茶叶分类、品种、名称、基本特征基础知识 2.1.2 茶单基本知识 2.1.3 泡茶器具的种类和使用方法 2.1.4 安全用电常识和备水、烧水器具的使用规程
	2.2 冲泡演示	2.2.1 能根据不同茶类确定投茶量和水量比例 2.2.2 能根据茶叶类型选择适宜的水温泡茶，并确定浸泡时间 2.2.3 能使用玻璃杯、盖碗、紫砂壶冲泡茶叶 2.2.4 能介绍所泡茶叶的品饮方法	2.2.1 不同茶类投茶量和水量要求及注意事项 2.2.2 不同茶类冲泡水温，浸泡时间要求及注意事项 2.2.3 玻璃杯、盖碗、紫砂壶使用要求与技巧 2.2.4 茶叶品饮基本知识
3. 茶间服务	3.1 茶饮推介	3.1.1 能运用交谈礼仪与宾客沟通，有效了解宾客需求 3.1.2 能根据茶叶特性推荐茶饮 3.1.3 不同季节特点推荐茶饮	3.1.1 交谈礼仪规范及沟通艺术，了解宾客消费习惯 3.1.2 茶叶成分与特性基本知识 3.1.3 不同季节饮茶特点
	3.2 商品销售	3.2.1 能办理宾客消费的结账、记账 3.2.2 能向宾客销售茶叶 3.2.3 能向宾客销售普通茶具 3.2.4 能完成茶叶、茶具的包装 3.2.5 能承担售后服务	3.2.1 结账、记账基本程序和知识 3.2.2 茶叶销售基本知识 3.2.3 茶具销售基本知识 3.2.4 茶叶、茶具包装知识 3.2.5 售后服务知识

3.2 四级/中级工

职业功能	工作内容	技能要求	相关知识要求
1. 接待准备	1.1 礼仪接待	1.1.1 能按照茶事服务要求导位、迎宾 1.1.2 能根据不同地区的宾客特点进行礼仪接待 1.1.3 能根据不同民族的风俗进行礼仪接待 1.1.4 能根据不同宗教信仰进行礼仪接待 1.1.5 能根据宾客的性别、年龄特点进行针对性的接待服务	1.1.1 接待礼仪与技巧基本知识 1.1.2 不同地区宾客服务的基本知识 1.1.3 不同民族宾客服务的基本知识 1.1.4 不同宗教信仰宾客服务的基本知识 1.1.5 不同性别、年龄特点宾客服务的基本知识
	1.2 茶室布置	1.2.1 能根据茶室特点，合理摆放器物 1.2.2 能合理摆放茶室装饰物品 1.2.3 能合理陈列茶室商品 1.2.4 能根据宾客要求，针对性地调配茶叶、器物	1.2.1 茶空间布置基本知识 1.2.2 器物配放基本知识 1.2.3 茶具与茶叶的搭配知识 1.2.4 商品陈列原则与方法
2. 茶艺服务	2.1 茶艺配置	2.1.1 能识别六大茶类中的中国主要名茶 2.1.2 能识别新茶、陈茶 2.1.3 能根据茶样初步区分茶叶品质和等级高低 2.1.4 能鉴别常用陶瓷、紫砂、玻璃茶具的品质 2.1.5 能根据茶艺馆需要布置茶艺工作台	2.1.1 中国主要名茶知识 2.1.2 新茶、陈茶的特点与识别方法 2.1.3 茶叶品质和等级的判定方法 2.1.4 常用茶具质量的识别方法 2.1.5 茶艺冲泡台的布置方法
	2.2 茶艺演示	2.2.1 能根据茶艺要素的要求冲泡六大茶类 2.2.2 能根据不同茶叶选择泡茶用水 2.2.3 能制作调饮红茶 2.2.4 能展示生活茶艺	2.2.1 茶艺冲泡的要素 2.2.2 泡茶用水水质要求 2.2.3 调饮红茶的制作方法 2.2.4 不同类型的生活茶艺知识
3. 茶间服务	3.1 茶品推介	3.1.1 能根据茶叶，合理搭配茶点并予推介 3.1.2 能根据季节搭配茶点并予推介 3.1.3 能根据茶叶的内含成分及对人体健康作用来推介相应茶叶 3.1.4 能向宾客介绍不同水质对茶汤的影响 3.1.5 能根据所泡茶品解答相关问题	3.1.1 茶点与各茶类搭配知识 3.1.2 不同季节茶点搭配方法 3.1.3 科学饮茶与人体健康基本知识 3.1.4 中国名茶、名泉知识 3.1.5 解答宾客咨询茶品的相关知识及方法
	3.2 商品销售	3.2.1 能根据茶叶特点科学地保存茶叶 3.2.2 能销售名优茶和特殊茶品 3.2.3 能够销售名家茶器、定制（柴烧、手绘）茶具 3.2.4 能够根据宾客需要选配家庭茶室用品 3.2.5 能向茶室、茶庄等经营场所选配销售茶商品	3.2.1 茶叶储藏保管知识 3.2.2 名优茶、特殊茶品销售基本知识 3.2.3 名家茶器、柴烧、手绘茶具源流及特点 3.2.4 家庭茶室用品选配基本要求 3.2.5 茶商品调配知识

3.3 三级/高级工

职业功能	工作内容	技能要求	相关知识要求
1. 接待准备	1.1 礼仪接待	1.1.1 能根据不同国家的礼仪接待外宾 1.1.2 能使用英语与外宾进行简单问候与沟通 1.1.3 能按照服务接待要求接待特殊宾客	1.1.1 涉外礼仪的基本要求及各国礼仪与禁忌 1.1.2 礼仪接待英语基本知识 1.1.3 特殊宾客服务接待知识
	1.2 茶事准备	1.2.1 能鉴别茶叶品质高低 1.2.2 能鉴别高山茶、台地茶 1.2.3 能识别常用瓷器茶具的款式及质量 1.2.4 能识别常用陶器茶具的款式及质量	1.2.1 茶叶品评的方法及质量鉴别 1.2.2 高山茶与台地茶鉴别方法 1.2.3 瓷器茶具的款式及特点 1.2.4 陶器茶具的款式及特点
2. 茶艺服务	2.1 茶席设计	2.1.1 能根据不同题材，设计不同主题的茶席 2.1.2 能根据不同的茶品、茶具组合、铺垫物品等，进行茶席设计 2.1.3 能根据少数民族的茶俗设计不同的茶席 2.1.4 能根据茶席设计需要进行茶器搭配 2.1.5 能根据茶席设计主题配置相关的其他器物	2.1.1 茶席基本原理知识 2.1.2 茶席设计类型知识 2.1.3 茶席设计技巧知识 2.1.4 少数民族茶俗与茶席设计知识 2.1.5 茶席其他器物选配基本知识
	2.2 茶艺演示	2.2.1 能按照不同茶艺演示要求布置演示台，选择和配置适当的插花、熏香、茶挂 2.2.2 能根据茶艺演示的主题选择相应的服饰 2.2.3 能根据茶艺演示的主题选择选择合适的音乐 2.2.4 能根据茶席设计的主题确定茶艺演示内容 2.2.5 能演示3种以上各地风味茶艺或少数民族茶艺 2.2.6 能组织、演示茶艺并介绍其文化内涵	2.2.1 茶艺演示台布置及茶艺插花、熏香、茶挂基本知识 2.2.2 茶艺演示与服饰相关知识 2.2.3 茶艺演示与音乐相关知识 2.2.4 茶席设计主题与茶艺演示运用知识 2.2.5 各地风味茶饮和少数民族茶饮基本知识 2.2.6 茶艺演示组织与文化内涵阐述相关知识
3. 茶间服务	3.1 茶事推介	3.1.1 能够根据宾客需求介绍有关茶叶的传说、典故 3.1.2 能使用评茶的专业术语，向宾客通俗介绍茶叶的色、香、味、形 3.1.3 能向宾客介绍选购紫砂茶具的技巧 3.1.4 能向宾客介绍选购瓷器茶具的技巧 3.1.5 能向宾客介绍不同茶具的养护知识	3.1.1 茶叶的传说、典故 3.1.2 茶叶感观审评基本知识及专业术语 3.1.3 紫砂茶具的选购知识 3.1.4 瓷器茶具的选购知识 3.1.5 不同茶具的特点及养护知识
	3.2 营销服务	3.2.1 能根据市场需求调配茶叶、茶具营销模式	3.2.1 茶艺馆营销基本知识

续表

职业功能	工作内容	技能要求	相关知识要求
3. 茶间服务	3.2　营销服务	3.2.2　能根据季节变化、节假日特点等制订茶艺馆消费品配备计划 3.2.3　能按照茶艺馆要求，初步设计和具体实施茶事展销的活动	3.2.2　茶艺馆消费品调配相关知识 3.2.3　茶事展示活动常识

3.4　二级/技师

职业功能	工作内容	技能要求	相关知识要求
1. 茶艺馆创意	1.1　茶艺馆规划	1.1.1　能提出茶艺馆选址的建议 1.1.2　能提出不同特色茶艺馆的定位建议 1.1.3　能根据茶艺馆的定位提出整体布局的建议	1.1.1　茶艺馆选址基本知识 1.1.2　茶艺馆定位基本知识 1.1.3　茶艺馆整体布局基本知识
	1.2　茶艺馆布置	1.2.1　能根据茶艺馆的布局，分割与布置不同的区域 1.2.2　能根据茶艺馆的风格，布置陈列柜和服务台 1.2.3　能根据茶艺馆的主题设计，布置不同风格的品茗区	1.2.1　茶艺馆不同区域分割与布置原则 1.2.2　茶艺馆陈列柜和服务台布置常识 1.2.3　品茗区风格营造基本知识
2. 茶事活动	2.1　茶艺演示	2.1.1　能进行仿古（仿唐、仿宋或明清）茶艺演示，并能担任主泡 2.1.2　能进行日本茶道演示 2.1.3　能进行韩国茶礼演示 2.1.4　能进行英式下午茶演示 2.1.5　能用一门外语进行茶艺解说	2.1.1　仿古茶艺展演基本知识 2.1.2　日本茶道基本知识 2.1.3　韩国茶礼基本知识 2.1.4　英式下午茶基本知识 2.1.5　茶艺专用外语知识
	2.2　茶会组织	2.2.1　能策划中、小型茶会 2.2.2　能设计茶会活动的可实施方案 2.2.3　能根据茶会的类型进行茶会组织 2.2.4　能主持各类茶会	2.2.1　茶会类型知识 2.2.2　茶会设计基本知识 2.2.3　茶会组织与流程知识 2.2.4　主持茶会基本技巧
3. 业务管理（茶事管理）	3.1　服务管理	3.1.1　能制订茶艺流程及服务人员 3.1.2　能指导低级别茶艺服务人员 3.1.3　能对茶艺师的服务工作检查指导 3.1.4　能制订茶艺馆服务管理方案并实施 3.1.5　能提出并策划茶艺演示活动的可实施方案 3.1.6　能对茶艺馆的茶叶、茶具进行质量检查 3.1.7　能对茶艺馆的安全进行检查与改进 3.1.8　能处理宾客诉求	3.1.1　茶艺馆服务流程与管理知识 3.1.2　茶艺人员培训知识 3.1.3　茶艺馆各岗位职责 3.1.4　茶艺馆庆典、促销活动设计知识 3.1.5　茶艺表演活动方案撰写方法 3.1.6　茶叶、茶具质量检查流程与知识 3.1.7　茶艺馆安全检查与改进要求 3.1.8　宾客投诉处理原则及技巧常识
	3.2　茶艺培训	3.2.1　能制订与实施茶艺人员的培训计划 3.2.2　能对茶艺人员进行培训教学组织 3.2.3　能组建茶艺表演队伍 3.2.4　能训练茶艺演示队伍	3.2.1　茶艺培训计划的编制方法 3.2.2　茶艺培训教学组织要求与技巧 3.2.3　茶艺演示队伍组建知识 3.2.4　茶艺演示队伍常规训练安排知识

3.5 一级/高级技师

职业功能	工作内容	技能要求	相关知识要求
1. 茶饮服务	1.1 品评服务	1.1.1 能根据宾客需求提供不同茶饮 1.1.2 能对传统茶饮进行创新和设计 1.1.3 能审评茶叶的质量优次和等级	1.1.1 不同类型茶饮基本知识 1.1.2 茶饮创新基本原理 1.1.3 茶叶审评知识的综合运用
	1.2 茶健康服务	1.2.1 能根据宾客的需求向宾客介绍茶健康知识 1.2.2 能配置适合宾客健康状况的茶饮 1.2.3 能根据宾客健康状况，提出茶预防、养生、调理的建议	1.2.1 茶健康基础知识 1.2.2 保健茶饮配置知识 1.2.3 茶预防、养生、调理基本知识
2. 茶事创作	2.1 茶艺编创	2.1.1 能根据需要编创不同类型、不同主题的茶艺演示 2.1.2 能根据茶叶营销需要编创茶艺演示 2.1.3 能根据茶艺演示的需要进行舞台美学及服饰搭配 2.1.4 能用文字阐释编创的茶艺的文化内涵，并能进行解说	2.1.1 茶艺演示编创知识 2.1.2 不同类型茶叶营销活动与茶艺结合的原则 2.1.3 茶艺美学知识与实际运用 2.1.4 茶艺编创写作与茶艺解说知识
	2.2 茶会创新	2.2.1 能设计、创作不同类型的茶会 2.2.2 能组织各种大型茶会 2.2.3 能组织各国不同风格的茶会 2.2.4 能根据宾客需要介绍各国茶会的特色与内涵	2.2.1 茶会的不同类型与创意设计知识 2.2.2 大型茶会创意设计基本知识 2.2.3 茶会组织与执行知识 2.2.4 各国不同风格茶会知识
3. 业务管理（茶事管理）	3.1 经营管理	3.1.1 能制订并实施茶艺馆经营管理计划 3.1.2 能制订并落实茶艺馆营销计划 3.1.3 能进行成本核算，对茶饮与商品定价 3.1.4 能拓展茶艺馆茶点、茶宴业务 3.1.5 能创意策划茶艺馆的文创产品 3.1.6 能策划与茶艺馆衔接的其他茶事活动	3.1.1 茶艺馆经营管理知识 3.1.2 茶艺馆营销基本法则 3.1.3 茶艺馆成本核算知识 3.1.4 茶点、茶宴知识 3.1.5 文创产品基本知识 3.1.6 茶文化旅游基本知识
	3.2 人员培训	3.2.1 能完成茶艺培训工作并编写培训讲义 3.2.2 能对技师进行指导 3.2.3 能策划组织茶艺馆全员培训 3.2.4 能撰写茶艺馆培训情况分析与总结报告 3.2.5 能撰写茶业调研报告与专题论文	3.2.1 茶艺培训讲义编写要求知识 3.2.2 技师指导基本知识 3.2.3 茶艺馆全员培训知识 3.2.4 茶艺馆培训情况分析与总结写作知识 3.2.5 茶业调研报告与专题论文写作知识

4 权 重 表

4.1 理论知识权重表

项目 \ 技能等级		五级/初级工/%	四级/中级工/%	三级/高级工/%	二级/技师/%	一级/高级技师/%
基本要求	职业道德	5	5	5	3	3
	基础知识	45	35	25	22	12
相关知识要求	接待准备	15	15	15	—	—
	茶艺服务	25	30	40	—	—
	茶间服务	10	15	15	—	—
	茶艺馆创意	—	—	—	20	—
	茶饮服务	—	—	—	—	20
	茶事活动	—	—	—	35	—
	茶事创作	—	—	—	—	40
	业务管理（茶事管理）	—	—	—	20	25
合计		100	100	100	100	100

4.2 技能要求权重表

项目 \ 技能等级		五级/初级工/%	四级/中级工/%	三级/高级工/%	二级/技师/%	一级/高级技师/%
技能要求	接待准备	15	15	20		—
	茶艺服务	70	70	65	—	—
	茶间服务	15	15	15	—	—
	茶艺馆创意	—	—	—	20	—
	茶饮服务	—	—	—	—	20
	茶事活动	—	—	—	50	—
	茶事创作	—	—	—	—	45
	业务管理（茶事管理）	—	—	—	30	35
合计		100	100	100	100	100

参 考 文 献

[1] 赵艳红，宋伯轩．茶器与艺［M］．北京：化学工业出版社，2018.
[2] 赵艳红．茶文化简明教程［M］．北京：北京交通大学出版社，2013.
[3] 贾红文，赵艳红．茶文化概论与茶艺实训［M］．北京：清华大学出版社，2010.
[4] 屠幼英，胡振长．茶与养生［M］．杭州：浙江大学出版社，2017.
[5] 屠幼英，乔德京．茶多酚十大养生功效［M］．杭州：浙江大学出版社，2014.
[6] 罗军．中国茶品鉴图典［M］．北京：中国纺织出版社，2013.
[7] 刘枫．新茶经［M］．北京：中央文献出版社，2015.
[8] 林木连．茶叶［M］．新北：远足文化事业股份有限公司，2011.
[9] 陈宗懋．中国茶经．上海：上海文化出版社，1992.